高频/通信电子线路实验指导

耿照新　编著

北京交通大学出版社

·北京·

内 容 简 介

本书是电子与通信技术专业的一门实验课程教材，分成三个部分，介绍了高频/通信电子线路实验基础知识、高频实验内容和高频实验仪器的使用说明。每一个实验内容都系统介绍其实验原理、方法和步骤。

本书涵盖验证实验和开发性实验，主要实验内容包括：高频小信号放大器、高频功率放大器、正弦振荡器、中频放大器、调幅、检波与混频、角度调制与解调、反馈控制电路、锁相环路与频率合成器、脉冲计数式鉴频器、调幅发射与接收完整系统的联调、调频发射与接收完整系统的联调以及高频电路故障分析实验等，一共有 16 个实验。本书强调基本概念，注重实际应用，各个实验后附有相应的思考问题。

本书可以作为高等学校电子信息工程、通信工程等专业本科生实验教学用教材或参考书，也可以供相关专业工程技术人员参考。

图书在版编目（CIP）数据

高频/通信电子线路实验指导 / 耿照新编著. — 北京：北京交通大学出版社，2015.5
（2022.1 重印）

ISBN 978-7-5121-2231-4

Ⅰ. ① 高… Ⅱ. ① 耿… Ⅲ. ① 高频–电子电路–实验–高等学校–教学参考资料 ② 通信系统–电子电路–实验–高等学校–教学参考资料 Ⅳ. ① TN710.2–33 ② TN91–33

中国版本图书馆 CIP 数据核字（2015）第 064982 号

责任编辑：吴嫦娥　　特邀编辑：李晓敏

出版发行：北京交通大学出版社　　　　　　电话：010–51686414
　　　　　北京市海淀区高梁桥斜街 44 号　　邮编：100044

印　刷　者：北京虎彩文化传播有限公司

经　　销：全国新华书店

开　　本：185×260　　印张：10.25　　字数：256 千字

版　　次：2015 年 4 月第 1 版　　2022 年 1 月第 4 次印刷

书　　号：ISBN 978-7-5121-2231-4/TN · 98

定　　价：36.00 元

本书如有质量问题，请向北京交通大学出版社质监组反映。对您的意见和批评，我们表示欢迎和感谢。

投诉电话：010–51686043，51686008；传真：010–62225406；E-mail: press@bjtu.edu.cn。

前　　言

　　实验是研究自然科学的一种重要方法，也是高等院校教学过程中一个极其重要的环节，实验教学的主要目的是通过实验来训练和培养学生理论联系实际和独立操作的能力。杰出的科学家门捷列夫说过："没有测量，就没有科学。"电子信息科学是现代科学技术的象征，它的三大技术支柱是：信息获取技术（测量技术）、信息传输技术（通信技术）、信息处理技术（计算机技术），三者中信息获取是首要的，而电子测量是获取信息的重要手段。

　　"高频/通信电子线路实验指导"是与高等院校电子和通信类专业的"高频电子线路"课程相配套的实训系统。该实训系统通过对各种高频电路模块和收发系统的测量，培养学生具有高频电路和电子测量技术的基础知识和应用能力，加深学生对理论知识的理解，同时能够训练学生掌握正确的电子测量方法，全面掌握各种通用电子测量仪器的正确使用和操作。具体教学目标如下。

　　● 巩固和补充课堂讲授的高频电路和电子测量技术的理论知识，对于某些理论课程，可以结合实际在实验课中进行。

　　● 培养学生理解利用电子测量理论来分析实验中遇到问题的方法，更好地理论联系实际。

　　● 培养学生电子科学实验的基本技能和严谨的工作作风，为今后从事通信技术工作打下良好的专业基础。

　　● 培养学生具备电子测量实验电路的分析和计算的能力。

　　● 培养学生掌握常用电子测量仪器的工作原理、主要技术指标及正确的操作方法。

　　● 培养学生掌握高频电子线路测试技术及各种元器件参数的测试技能。

　　● 培养学生正确分析实验现象，检查与排除故障，正确记录和处理数据，总结实验结果，同时具备比较完善地编写实验报告的基本能力。

　　《高频/通信电子线路实验指导》是与实验箱配套的实验指导书。为了保证实验课程能够达到预期的教学效果，要求学生在每次做实验前必须仔细阅读实验指导书及相关资料，明确实验目的和要求，掌握实验的原理和测量方法。在实验过程中，每个学生要完成流程管理、实际操作、数据记录、质量检验等，使其能全面了解和得到实验训练的机会，提高独立动手的能力，以达到培养综合应用知识实践的能力和实事求是的科学作风。

编　者

2015 年 3 月 20 日

目　　录

第一部分 ➡ ➡ ➡

高频实验基础

1. 高频电路实验与测量概述

高频电路是通信与信息工程主干课程中的专业基础课。"高频"电路与"低频"电路之间很难划一个非常明确的界线。习惯上有两种划分方法：一种划分方法是以电路的工作频率划分，将工作频率低于音频（20 kHz）的电路划为低频电路，而将工作频率高于音频（20 kHz）的电路划为高频电路；另一种划分方法是按器件的内部电抗分量在电路中所产生的影响的大小来区分。当器件内部等效电抗对电路的工作特性不产生显著影响时划分为低频电路，否则划分为高频电路。本实验指导书中采用后者的划分法。

高频是一个相对量，它介于低频（20 Hz～300 kHz）和超高频（300 MHz 以上）之间，本实验教材的内容仅限于工作频率小于 300 MHz 而高于 300 kHz。

众所周知，在超高频段，电路元件中分布参数的作用开始突现，涉入微波频段后分布参数成了主导因素，而我们所讨论的高频电路组成，基本上采用集中参数元件，也就是由晶体二极管和三极管或集成电路与集中参数的电阻 R、电容 C、电感 L 所组成。又因为高频电路的工作频率较低频电路的工作频率高，元件的分布参数不能不考虑，所以其分析及测量均较低频电路要复杂一些。但是正因为与低频电路一样，高频电路采用集中参数元件组成，所以其分析测量的原理与低频电路十分相似。就分析方法而言，它们都是基于正弦分析原理，即研究在正弦激励源激励下电路的响应情况；其实验与测量也是在正弦信号激励下测量电路的幅度、相位及频率变换的情况。所以，模拟电子技术中所讨论的方法及原则都适用于高频电路。但因高频电路的频率较高，波长较短，所以也有它自身的特殊点，下面将分别介绍这几个方面，目的在于让同学们更多地了解一些高频条件下测量的知识，减小实验及测量数据的误差，提高分析问题的准确性。

2. 使用高频电子仪器的一般注意事项

高频电子仪器的类型很多，各有其使用特点。但下面的注意事项是普遍适用的，掌握这些知识，有助于减少测量中的误差，防止损坏仪器或被测电路。

（1）高频电子仪器的结构一般较为复杂，精密度和灵敏度较高而且功能也较多，在使用前一定要了解仪器的性能和使用条件。在实验室，在可能的条件下可先阅读有关仪器的技术说明书或有关仪器使用方法的说明资料。如在使用中发现有异常现象，应及时报告教师或实验室管理人员，并切断电源。

（2）若需对实验数据进行高精度定量分析，则应了解所用仪器的精度及是否有周期检定后的修正值，如修正曲线、公式、数表等。若无周期性检定，该仪器只能用作低精度的粗略测量。

（3）在接通仪器电源前，应先检查仪器的量程、功能、频段、衰减、增益、时基、极性等旋钮及开关，是否有松动、滑位、错位等现象，并及时修复；对于仪器上各功能旋钮及开关的置位，应根据被测电路的要求来决定；当对被测电路和要求不太清楚时，一般情况下应将仪器的"增益""输出""灵敏度""调制"等旋钮置于最低位置，而将"衰减""量程"等旋钮置于最高位，测量中逐步降低测量挡位；还要注意被测电路是否有直流高压，以及该直流高压是否超出了仪器的耐压能力，同时注意被测电路的直流成分是否会影响某些仪器的测量结果。因此，在选择和使用仪器时要特别小心，必要时可在仪器的输出端或输入端加接耐压及容量适当的隔直耦合电容器。

（4）仪器接通电路前，应仔细检查被测电路的连接线是否正确，有无接错或短路现象。特别是地线的连接是否合理，这对高频电路来说是相当重要的。尽管接有地线，但接地点选择不当，走线不合理都会造成测量数据的极大误差。测量数据时，要先接地线，然后再接高电位端，而测量结束时，应先去掉高电位端，然后再去掉地线，否则会造成常见的"打表"现象，损坏仪器或降低仪器的精度。

（5）高频电子仪器一般都必须经过足够的预热时间，工作性能才能稳定。而仪器的技术指标需要在足够的预热时间后才有保证，比如，一般晶体管仪器就需 5～15 分钟的预热时间。高精度的仪器预热时间要更长些。通常，在实验前有 10～30 分钟的预热，测量结果就能满足精度的需要。

（6）不少电子测量仪器在使用前均需调零处理。调零分机械调零和电气调零两种。调零应保证在无任何信号输入时进行（包括被测信号和外界干扰），机械调零是指调整电表在开机前的指示零点，而电气调零是在开机并充分预热后进行。应特别指出的是，某些测量仪器有不同功能及量程，所以改换功能或量程后还需进行调零。

（7）若开机后发生保险丝熔断现象，首先应检查电源电压和外部接线是否有误，在排除故障后再换上相同容量的保险丝重新通电。切忌随意加大保险丝容量！对于内部装有电风扇做强制通风冷却的仪器，通电后应注意电风扇工作是否正常，否则会损坏仪器。

（8）有不少测量仪器内部都附有校准装置。利用内设的校准装置可以消除仪器因元器件老化或参数变化等因素造成的系统误差，提高测量数据的精度。通过自校也可判断仪器各部分是否工作正常。所以，凡有自校功能的仪器在开机充分预热之后，都应先进行自校，再投入使用。

（9）有些高频测量仪器的附件，如探头等，其上面标有与主机序号相同的编号，这是为方便与主机配套使用而专门设置的，出厂时由厂家进行过严格配对调试。探头上的编号必须与主机的序号相符，才能保证测量的精确度。严格来说，在超高频条件下此类同型号的仪器之间的探头一般是不能互换或随便使用的。这只是高频条件下电子器件自身的分布参数的分散性及其影响在工程应用中的一个实例。

总而言之，通过高频电路的实验，我们一定要初步建立起有关分布参数的重要概念，这在今后的工程实践中是十分有用的。

最后，从安全角度出发，作为一种职业习惯，实验中应注意养成左单手操作的习惯。尤其接触高压电路时更应注意，最好事先选择并接好参考点，然后用左单手去操作，避免通过人体形成回路而造成对人身的伤害。实验中若出现放电打火、元器件冒烟或电解电容器爆炸（电源接反后发生）或其他意外事故时，应保持冷静，马上切断电源，然后再做检查和妥善处理。

3. 实验装置的组成

进行电路参数的测试时，往往需要用多台不同功能的测量仪器及辅助设备、附件等组成一套完整的测量装置。

一项实验究竟由哪些型号的仪器及设备来组成测量装置，这要根据实验任务的要求并结合实验室具体条件来决定。首先，要根据实验任务考虑被测对象的工作频率、电源供给要求、输入激励信号幅度及测量精度要求等来拟定由哪些仪器组成实验装置，即确定方案；其次，为了保证仪器的正常工作和一定的精度，应考虑如何布置和连接仪器设备。在现场布置和连线方面要注意：各仪器的布置应保证读取数据时视差小，眼睛不易疲劳，有利于观测和减小读测误差；应根据不同仪器面板上可调旋钮的分布情况来安排布局位置，使操作顺手，调节方便。

仪器放置要注意安全稳妥；注意不要造成短路；注意功率大、发热多的仪器的散热及对周围仪器的影响；仪器与被测网络之间，以及仪器与仪器之间的接线要尽可能短，避免信号输入与输出线靠近，而引起信号的串扰或产生自激现象。

实验装置一般是为了完成某种电子测量，而任何电子测量过程都是将某种被测信号经过一系列的变换、比较、调整及信息处理，最后得到与被测量有唯一确定关系的测量结果。而为了得到这种"唯一确定关系"，除了要求测量仪器本身稳定可靠外，还必须满足两个基本条件：一是测量结果仅仅反映被测量的大小；二是被测量不能经过任何非正常的通道去影响测量结果。

对于一般技术指标合格并在规定条件下使用的测量仪器，可以不考虑由仪器内部产生的噪声的影响。但对于来自设备及系统外部的无关信号干扰，却不能不考虑。通常干扰对测量过程的影响表现为仪器读数显著偏大或偏小、读数不稳、随机跳动，严重时甚至使仪器不能正常工作，以致损坏仪器。干扰的来源一般可以分为有源干扰及无源干扰两大类。

有源干扰主要包括以下几个方面。

（1）电气设备中电流的急剧变化及伴随的电火花，如交流接触器，电钻、电焊机、电梯、继电器及汽车、摩托车、轮船等内燃机的点火系统。

（2）高频电气设备的电磁辐射干扰，如高频感应炉、高频（微波）治疗仪、短波无线电台及电视台等。

（3）天电干扰，如天体的剧烈变化、太阳黑子的磁爆、天空的雷电等。

（4）工频干扰，是指由于 50 Hz 交流电网强大的电磁场所产生的干扰。

（5）气体电离干扰，主要来源于各种离子器件（如闸流管、充气稳压管、氖管等）及照明的日光灯、霓虹灯所产生的电离干扰。

无源干扰主要是指自然的大气电离程度的有规律变化及无规律随机起伏。干扰对实验装置影响的途径可分为寄生耦合及电磁辐射两大类。

（1）寄生耦合。

　　① 公共阻抗耦合——地电阻及电源内阻。

　　实验装置要求各仪器与实验底板间有公共参考点——接地点。由于接地点设置不当或接地点虚焊、氧化而形成一定的公共阻抗，如图 I-1 所示。

　　图 I-1 中，R_g 为接地电阻，其值取决于地线的电阻率、地线连接方式及工作频率等。当 R_g 阻值不可忽略时，一方面前级耦合至后级的信号要减少，另一方面由于外电磁干扰，如强大的 50 Hz 工频干扰，将在 R_g 上产生一个明显的干扰电动势，造成测量结果的误差。

　　当几个电路单元或实验底板共用一组直流电源时，如果直流电源内阻不够低，就会通过该内阻形成耦合，如图 I-2 所示，R_s 的存在可能造成实验装置系统的自激振荡或者信号串扰等。

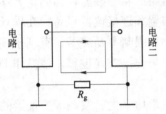

图 I-1　由接地电阻形成的耦合

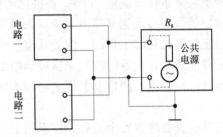

图 I-2　由电源内阻形成的耦合

　　② 分布电容耦合。

　　在实验装置中，仪器、实验底板、元器件、接线、大地、人体之间都存在极为复杂的分布电容。尤其是当系统工作在高频段时，这些分布电容的影响便不能忽略，它往往形成有害的第三回路。严重时，将影响系统的正常工作，造成测量结果的极大误差。常见的分布电容的影响如图 I-3 所示。

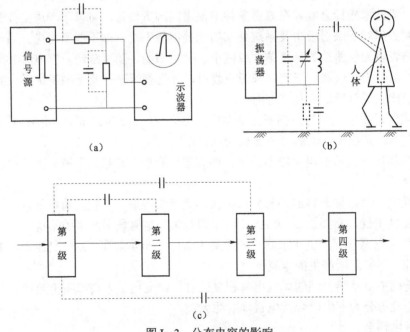

（a）　　　　　　　　　　（b）

（c）

图 I-3　分布电容的影响

图 I-3（a）为分布电容的影响，被观测到的波形产生了失真；图 I-3（b）为人体靠近电路时分布电容的影响与远离时分布电容的影响，造成了振荡频率的漂移；图 I-3（c）中的多级放大级由于级间分布电容的影响，容易造成放大器的自激。为了便于估计分布电容的影响程度，给出几种典型的分布电容的实测数值，见表 I-1。

表 I-1 几种典型分布电容的数值

类　　别	容　　量
编织隔离的直径 0.9 mm 的双绞导线	6.56 pF/100 mm
高频隔离的直径 0.6 mm 的双绞导线	8.2 pF/100 mm
两根直径 1 mm，相距 2 mm 的平行导线	2.0 pF/100 mm
两根直径 1 mm，相距 10 mm 的平行导线	0.9 pF/100 mm
平行于机壳的直径 0.5 mm 导线与机壳间相距 1 mm	2.7 pF/100 mm
平行于机壳的直径 0.5 mm 导线与机壳间相距 10 mm	1.4 pF/100 mm
1～2 W 碳质电阻的端到端	1.5 pF
20 W 变压器初、次级间	0.001 1μF
20 W 电烙铁芯与外壳	40 pF
人站在绝缘体上对大地	700 pF

③ 分布电感耦合。

一根导线在低频时可视为一根理想的导体，但当工作频率提高时，其分布电感的影响便不能忽略。图 I-4 是一根导线在高频工作时因分布电感及分布电容的影响不可忽略时的实际等效电路示意图。图中 U_x 为被测电压，U_x' 为输入电压表的电压，此两值的差异取决于分布参数的大小及工作频率的高低。由分析可知，因为分布参数的影响而造成的测量误差量为 $(f/f_0)^2$。其中，f 为工作频率；f_0 为分布电感及电容所形成的固有频率。工作频率越高，其误差越大；分布参数越小，f_0 越高，误差越小。这里给出了几种导线的分布电感及在 100 MHz 时的感抗，以及导线本身的电阻等值，见表 I-2。

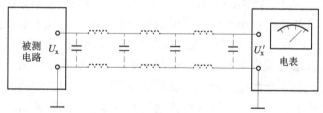

图 I-4 分布电感及电容的影响

表 I-2 几种导线的电阻、电感和感抗

导线直径 /mm	50 mm		100 mm		200 mm		100 mm 导线电阻 /Ω
	电感 /μH	感抗 /Ω	电感 /μH	感抗 /Ω	电感 /μH	感抗 /Ω	
0.1	0.07	44	0.15	94	0.33	207	0.22
0.5	0.05	31	0.12	75	0.26	163	0.89
1.0	0.04	25	0.10	63	0.23	144	0.23
2.0	0.035	22	0.08	50	0.20	126	0.56

　　对于实验装置中的电感线圈、各类变压器、扼流圈，应特别注意阻止通过互感及电磁耦合形成非正常的信号传输通道。

　　（2）电磁辐射耦合。

　　电磁辐射耦合是当实验装置的工作频率较高时，如大于几百千赫以上时，信号传输线、控制线、输入、输出线等均会呈现出一定的天线效应，这种天线效应具有（发射和接收的）互易性。也就是说，通过这些导线不仅会将测试信号辐射至空中，构成一定强度的电磁场，形成一条非正常的信号传输通道，而且这些导线还会感应到其他非正常通道辐射出来的电磁波信号及各种干扰信号，从而造成测量误差。

　　由上述讨论可知，要完成一项实验任务，不仅要会正确选用仪器设备，而且要正确地连接和布置，避免干扰对实验测量的影响，如何才能减少干扰的影响呢？下面我们分别讨论。

4. 实验装置的接地与屏蔽

　　一般电子技术中的地或地线、地电位等有两种含义。第一种含义是指真正的大地，而且常常局限于所在实验室附近的大地。对于交流供电电网的地线，通常是指三相电力变压器的中线（又称零线），它是在发电厂接大地。第二种含义是指电子测量仪器、设备、实验底板等的公共连接点。它通常是与机壳直接连在一起或通过一个大电容（有时还并联一个大电阻）与机壳相连。所以，至少就交流意义而言，可以把一个测量装置中的公共连接点，即电路中的地线与仪器设备的机壳看做等效的。

　　对于接地的问题，在实验工作中要引起我们足够的重视。一般来说，由于仪器或设备的机壳面积较大，特别是因为绝大多数电子测量仪器都要使用电源变压器，因此，机壳与大地之间有一个较大的分布电容。接地包括为保证实验工作者人身安全的安全接地和为保证测量仪器正常工作的技术接地。

　　所谓安全接地，是指人体接触到实验装置中的仪器或设备的外壳时，不会因仪器设备的漏电造成触电，以防止伤害操作人员而设置的接地。我们知道绝大多数测量仪器都采用 220 V 单相交流电网供电。供电线路中，有一根中线已在发电厂用良导体接大地；另一根是相线（又称火线）。电网电压一般是加到电源变压器初级。变压器的铁芯及初级次级之间的屏蔽层均直接与机壳即电路的公共连接点相连接。变压器次级绕组的一端或中心抽头也与此点相连。于是在变压器的初、次级与机壳，机壳与大地间都存在分布电容。同时还存在阻值很大（10 MΩ 数量级）的绝缘电阻（或称漏电阻）。在正常情况下无论单相插头以什么方向插入电源插座中，人体接触仪器的外壳都不会触电。但如果仪器设备经常处于湿度较高的环境中使用或长期受潮、变压器质量低劣等，或者实验室未设置地线而多台仪器同时使用，则会出现机壳带电的现象。人体接触时会有触电感觉。一般可把单相电源插头换个方向插入电源插座中，即可削弱甚至消除漏电现象。

　　有条件的实验室应在地面上铺设绝缘材料的板料。另一个比较安全的办法是采用国家现行标准的三孔插头座，如图 I-5 所示。

　　三孔插座中间插孔应与本实验室的地线相接，左边插孔接 220 V 相线（火线），右边一个接电网的中线（零线）。插头的接线与插座相反，左是"中线"右是"相线"。

　　由于实验室地线与电网中线实际接地点不同，因此在此两点间存在一定的大地电阻 R_g，为此，不允许把中线与实验室地线相连。否则，中线电流就会在地电阻 R_g 上形成一个电位差。

同样道理，也不能用中线代替实验室地线。采用三孔电源插座和插头可保证机壳与大地始终相连，而且相线与中线不会接错，从而避免了触电事故。

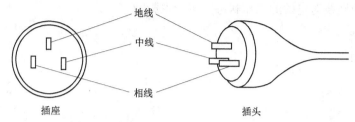

地线
中线
相线
插座　　　　插头

图 I-5　利用三孔插座和插头进行安全接地

所谓技术接地，是指保证电子测量仪器设备能正常工作所采取的一种必要措施。接地是否正确，是以对外界干扰信号的抑制能力为衡量标准。

技术接地点的正确选择与接地是否良好，直接影响着测试精度。比如，欲测回路的谐振电压，接地点应选择在高频的电位点而不能直接并接在回路两端，否则测试仪器的输入电容和接线分布电容将使回路失谐或被它短路。在设计高频实验电路板时，要求各电路单元及单元中的各级电路都要就近集中一点接地。然后按信号传输方向总的接地；接地线要短、粗或大面积，还要将不同频率、不同电平的接地线分开。有些工作频率很高的电子测量仪器，为了减小高频电缆接地电阻，配有接地专用的花瓣套筒，如图 I-6 所示，测量时应插牢。当用多台仪器组成测量系统，尤其对高频弱信号进行精密测量时，为避免因多点接地构成几个干扰回路的影响，可以将每台仪器的接地点分别用一条粗并尽可能短的地线连至同一点并与大地相接。

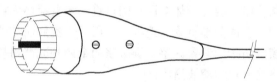

图 I-6　高频接地用的花瓣套筒

对于高灵敏度、高输入阻抗的电子测量仪器，必须养成先接好地线再进行测量的习惯。若接地不良，将感应大的干扰，造成仪器过荷，甚至损坏电表及器件的恶性事件。在实验过程中，当测量方法正确、被测电路及测量仪器工作状态正常，但仪器的读数却大大超过预计值时，这很可能就是地线接触不良造成的。有时，若怀疑仪器读数不正常，可尝试着用手去摸一下它的外壳，若发现仪器读数随之变化，这可能也是因接地不良所致。此外，应区别某些高频测量装置，即使接地良好但屏蔽较差，人体触摸外壳时，读数也会发生变化，但此时变化范围较小。

有时还会碰到被测信号两端都不允许接地的情况，这往往是一种典型的平衡电路结构，如图 I-7（a）、（b）所示。图 I-7（a）中，被测信号是 a、b 两端的电压。如果直接测量，无论地线怎样连接都会造成被测电路被 C_1、C_2 分布电容串联后旁路。正确的办法是先分别测出 a、b 对地（c 点）的电压 U_{ac} 及 U_{bc}，然后求得 $U_{ab} = U_{ac} - U_{bc}$。

图 I-7（b）中的待测信号是电桥的输出电压 U_{cd}。显然，无论电压表怎样连接，电桥的一个臂都会被分布电容旁路。在这个例子中，也不能采用分别测量 c、d 电位然后求其差值的办法。因为在两次测量中，电压表的输入阻抗将分别对电桥的不同臂产生影响。一种可行的测量方案如图 I–7（c）所示，它是经过输出隔离变压器再接到电压表进行测量的。此时，被测电路与仪器的地线对电桥的工作状态不再产生影响。

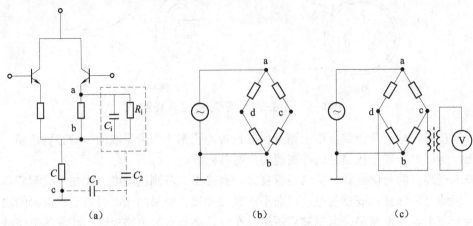

(a)   (b)   (c)

图 I–7   被测信号两端都不接地时的测量方法

为减小测量的误差，与接地同样重要的是要注意屏蔽。屏蔽有电场屏蔽与磁场屏蔽两类，屏蔽的目的：一方面是避免被测电路本身产生的电磁场辐射干扰其他电路工作；另一方面是为避免其他信号源产生的电磁场干扰被测电路的工作。若要电路的屏蔽有效，电路需要良好接地，否则不但屏蔽效果差，且会引起电路参数变化，造成测量误差。

对于微弱信号下的高精度测量和调试，必要时应在专门的电磁屏蔽室内完成。这种屏蔽室是用全金属板密闭结构或多层良导体金属丝网包裹的木框板块为构造单元，通过螺丝拼合而成的全封闭型工作间，其内部铺有绝缘地板，采用无干扰照明装置，并设有特殊的防止电磁波泄漏的通风波道窗、防护门装置。整个屏蔽室的金属外壳严格接地，引入屏蔽室内的电源及进线也采取了严格的专业级滤波措施。

5. 输入阻抗对测量精度的影响

电子技术实验中，仪器输入阻抗值的大小对测量精度及被测电路的工作状态有明显的影响。一般来说，我们总可以把电子测量仪器的影响用一个等效的输入阻抗来进行分析。由于除电流表以外，绝大多数仪器都是以并联的形式跨接在被测电路的两端，所以，可用输入电阻 R_i 与输入电容 C_i 的并联电路作为仪器输入阻抗的通用形式。

1）输入电阻 R_i 的影响

用电压表测量电阻 R 两端电压的示意图如图 I–8 所示。U_s 信号源，R_s 为信号源内阻，当信号频率不太高时，C_i 影响可忽略不计。由图可见，电压表接入前，R 上的电压为：

$$U = \frac{R}{R + R_s} U_s$$

电压表接入后，R 上的电压变为：

$$U' = \frac{R'}{R' + R_s} U_s$$

式中，$R' = \dfrac{R_i R}{R_i + R}$

由此可求出 R_i 引入后测量电阻 R 两端电压的理论误差为：

$$\frac{\Delta U}{U} = \frac{U' - U}{U} = -\frac{1}{1 + \dfrac{R_i}{R_s} + \dfrac{R_i}{R}}$$

由上式可见，电压表输入电阻 R_i 越大，或者被测电路的内阻 R_s 及负载电阻 R 越小，理论误差就越小，反之，误差就越大。如果要将上述测量误差控制在 1% 左右，R_i 至少要比被测电路的电阻 R 大 10～50 倍以上。

图 I-9 所示是测量直流电流的最简单的例子。设测量前被测电流为 I，则 $I = \dfrac{E}{R}$，被测电流变为：

$$I' = \frac{E}{R + R_i}$$

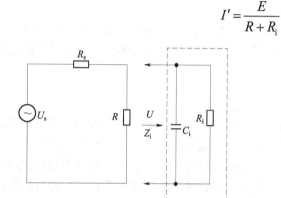

图 I-8　测量电阻两端 R 电压的示意图

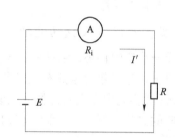

图 I-9　用电流表测量直流电流的示意图

此时测量直流电流的理论误差为：

$$\frac{\Delta I}{I} = \frac{I' - I}{I} = \frac{R}{R + R_i} - 1 = \frac{1}{1 + \dfrac{R}{R_i}} - 1$$

由上式可知，为使理论误差不超过 1%，电流表的电阻应比被测回路的电阻小 100 倍。

从上述两个最简单测量的例子可知，若测量仪器欲与被测电路并联，为减小 R_i 的影响，则要求测量仪器输入电阻要大；同理，若测量仪器串接于电路中，则要求仪器的输入电阻要小。需要注意的是，若被测电路需输入激励信号，则要用信号源一类的仪器，此时信号源虽然也与被测电路并接，但被测电路的输入阻抗对被测电路有影响，由上面推导公式可知，信号源内阻越小越好。但是还应该注意：在高频电路实验中，因为信号源输出电阻小，而被测电路输入阻抗与信号源阻抗不相等，从而造成信号的反射导致波形失真。这不仅会导致被测电路工作失常，而且会因阻抗不匹配造成激励功率减小。所以，一般在高频电路实验中，在信号源输出端与被测电路输入端都要加上一个阻抗匹配网络，以使激励信号稳定，被测网络正常工作。

在高频电路中，广泛采用 LC 谐振回路作为选频网络和负载。在这种情况下，测试仪器输入电阻对回路的影响主要表现在引起回路 Q 值的下降，使高频电压降低。

2）输入电容 C_i 的影响

当电路工作频率提高，或者测试仪器输入电容 C_i 值较大时，也会对被测电路产生严重影响。当测试仪器 C_i 较大时，其容抗较小，这将旁路被测电路，使电压降低，严重时被测电路还会被其短路。当 C_i 较小而工作频率较高时，旁路作用仍存在，致使被测电路输出电压下降。输入电容 C_i 对 LC 谐振回路的影响，不仅反映在输出电压降低，而且还会造成回路谐振频率偏移，也就是当接上测试仪器前后，回路的谐振频率将发生变化，回路产生失谐。

我们知道，仪器输入阻抗是客观存在，不能视而不见，问题是如何减小它对被测电路的影响，前面已经提到使用加大输入阻抗（增大输入电阻、减小输入电容）的办法。这是一种途径，如示波器的 10:1 探头，输入电阻达 10 MΩ，输入电容为 15 pF，但并不是所有测试仪器都是这样的。减小仪器输入阻抗对被测电路影响的另一种有效办法是，正确设置测试点，如广泛采用的串接小电容、降压电阻、部分接入谐振回路、利用耦合线圈接入被测电路等措施，也能减小仪器输入阻抗对被测电路的影响。

最后，还要提醒注意，在使用各种高频及超高频仪器设备时，要注意它们对输入、输出电缆的阻抗、尺寸、接头形状或规格等的专门要求，从而减小仪器输入阻抗对被测电路的影响，提高测量的精度。

6. 实验的记录及数据处理

完成一次实验任务，包括准备（预习有关内容）、实际操作及撰写实验报告三个阶段。撰写实验报告，除了包含全部实验记录和必要的理论概述外，还包含对原始数据进行认真的处理和分析；对实验中发生的各种现象进行深刻的讨论，并从所得数据和现象中加以归纳分析，得出相应的结论。显然，实验过程的记录是整个实验重要的组成部分。记录的内容包括下述几个方面。

（1）实验的目的、要求及任务和内容。

（2）所用仪器设备的型号、规格指标、数量或编号。

（3）实验的技术路线方框图、工作原理、实验方法、步骤简述等。

（4）实验中测到的原始数据、误差分析、波形或曲线图及发生的相关现象。

（5）实验人员姓名、日期、地点及实验时的环境条件，如电源电压、温度、湿度等。

对实验记录的基本要求是真实和细心。对于实验中出现的异常现象或与理论预估值相差较大的测量数据，在未查明原因时，都应如实地记录，不应随便改动或舍去。因为有些异常现象及离群的测量数据可能反映出实验装置中的某些隐患，如接触不良、寄生振荡等，也有可能是某些未知现象的表露，这在科学研究中可能预示某种新发现或是新理论产生的信号。所以，我们要学会敏锐观察、客观地如实记录。

实验数据的处理包括对误差的分析、计算，有效数字的取舍和实验结果的曲线的正确绘制或图解表示等。所有这些可根据实验任务的需要和要求来处理，这里不再一一说明。

第二部分 ▶ ▶ ▶

实　验

实验1　高频小信号单调谐与双调谐放大器

1.1　概　述

在无线电技术中，经常会遇到这样的问题——所接收到的信号很弱，而这样的信号又往往与干扰信号同时进入接收机。我们希望将有用的信号放大，把其他无用的干扰信号抑制掉。借助选频放大器，便可达到此目的。小信号调谐放大器便是这样一种最常用的选频放大器，即有选择地对某一频率的信号进行放大的放大器。

小信号调谐放大器的种类很多，按调谐回路区分，有单调谐放大器、双调谐放大器和参差调谐放大器。按晶体管连接方法区分，有共基极、共发射极和共集电极调谐放大器。小信号调谐放大器是高频电子线路中的基本单元电路，主要用于高频小信号或微弱信号的线性放大。在本实验中，通过对谐振回路的调试，对放大器处于谐振时各项技术指标的测试（电压放大倍数、通频带和矩形系数），进一步掌握高频小信号调谐放大器的工作原理；学会高频小信号调谐放大器的设计方法。

1.2　小信号调谐放大器的工作原理

1. 单调谐回路放大器

共发射极接法的晶体管高频小信号调谐放大器如图 1-1 所示。它不仅要放大高频信号，而且还要有一定的选频作用，因此晶体管的集电极负载为 LC 并联谐振回路。在高频情况下，晶体管本身的极间电容及连接导线的分布参数等会影响放大器输出信号的频率和相位。晶体管的静态工作点由电阻 R_{B1}、R_{B2} 及 R_E 决定，其计算方法与低频单管放大器相同。

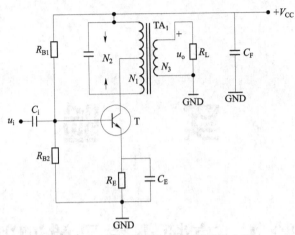

图 1-1　晶体管高频小信号调谐放大器

放大器的高频等效电路如图 1-2 所示。

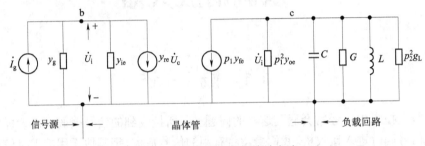

图 1-2　放大器的高频等效电路

晶体管的 4 个 y 参数 y_{ie}、y_{oe}、y_{fe} 及 y_{re} 分别为：

输入导纳
$$y_{ie} \approx \frac{g_{b'e} + j\omega C_{b'e}}{1 + r_{b'b}(g_{b'e} + j\omega C_{b'e})} \tag{1-1}$$

输出导纳
$$y_{oe} \approx \frac{g_m r_{b'b} j\omega C_{b'e}}{1 + r_{b'b}(g_{b'e} + j\omega C_{b'e})} + j\omega C_{b'c} \tag{1-2}$$

正向传输导纳
$$y_{fe} \approx \frac{g_m}{1 + r_{b'b}(g_{b'e} + j\omega C_{b'e})} \tag{1-3}$$

反向传输导纳
$$y_{re} \approx \frac{-j\omega C_{b'e}}{1 + r_{b'b}(g_{b'e} + j\omega C_{b'e})} \tag{1-4}$$

式中，g_m 是晶体管的跨导，与发射极电流的关系为：
$$g_m = \frac{I_E}{26} \ (S) \tag{1-5}$$

$g_{b'e}$ 是发射结的电导，与晶体管的电流放大系数 β 及 I_E 有关，其关系为：
$$g_{b'e} = \frac{1}{r_{b'e}} = \frac{I_E}{26\beta} \ (S) \tag{1-6}$$

$r_{b'b}$ 是基极体电阻，一般为几十欧姆；$C_{b'c}$ 为集电极电容，一般为几皮法；$C_{b'e}$ 为发射结电容，一般为几十皮法至几百皮法。

由此可见，晶体管在高频情况下的分布参数除了与静态工作电流 I_E、电流放大系数 β 有关外，还与工作频率 ω 有关。晶体管手册中给出的分布参数一般是在测试条件一定的情况下测得的。例如，在 $f_0 = 30\,\text{MHz}$，$I_E = 2\,\text{mA}$，$U_{CE} = 8\,\text{V}$ 条件下测得 3DG6C 的 y 参数为：

$$g_{ie} = \frac{1}{r_{ie}} = 2\,(\text{mS}),\ C_{ie} = 12\,(\text{pF}),\ g_{oe} = \frac{1}{r_{oe}} = 250\,(\text{mS}),\ C_{oe} = 4\,(\text{pF}),\ |y_{fe}| = 40\,(\text{mS}),$$

$$|y_{re}| = 350\,(\mu\text{S})$$

如果工作条件发生变化，上述参数则有所变动。因此，高频电路的设计计算一般采用工程估算的方法。

在图 1-2 所示的等效电路中，p_1 为晶体管的集电极接入系数，即

$$p_1 = \frac{N_1}{N_2} \qquad\qquad (1-7)$$

式中，N_1 为初级线圈的部分匝数；N_2 为电感 L 线圈的总匝数（N_2 即是 TA$_1$ 原边（初级）的总匝数）；

p_2 为输出变压器 TA$_1$ 的副边与原边的匝数比，即

$$p_2 = \frac{N_3}{N_2} \qquad\qquad (1-8)$$

式中，N_3 为副边（次级）的总匝数。

图 1-2 中，g_L 为调谐放大器输出负载的电导，$g_L = 1/R_L$。通常小信号调谐放大器的下一级仍为晶体管调谐放大器，则 g_L 将是下一级晶体管的输入导纳 g_{ie2}。

由图 1-2 可见，并联谐振回路的总电导 g_Σ 的表达式为：

$$g_\Sigma = p_1^2 g_{oe} + p_2^2 g_{ie}^2 + j\omega C + \frac{1}{j\omega L} + G = p_1^2 g_{oe} + p_2^2 g_L + j\omega C + \frac{1}{j\omega L} + G \qquad (1-9)$$

式中，G 为 LC 回路本身的损耗电导。谐振时 L 和 C 的并联回路呈纯阻，其阻值等于 $1/G$，并联谐振电抗为无限大，则 $j\omega C$ 与 $1/j\omega L$ 的影响可以忽略。

2. 双调谐回路放大器

双调谐回路放大器具有频带宽、选择性好的优点。顾名思义，双调谐回路是指有两个调谐回路：一个靠近"信源"端（如晶体管输出端），称为初级；另一个靠近"负载"端（如下一级输入端），称为次级。三者之间，可采用互感耦合，或电容耦合。

与单调谐回路相比，双调谐回路的矩形系数较小，即其谐振曲线更接近于矩形。电容耦合双调谐回路放大器原理图如图 1-3 所示。

图中，R_{B1}、R_{B2}、R_E 为直流偏置电阻，用以保证晶体管工作于放大区域，且放大器工作于甲类状态；C_E 为 R_E 的旁通电容，C_B 和 C_C 为输入、输出耦合电容。图中两个谐振回路：L_1 和 C_1 组成了初级回路；L_2 和 C_2 组成了次级回路。二者之间并无互感耦合（必要时，可分别对 L_1 和 L_2 加以屏蔽），而是由电容 C_3 进行耦合，故称为电容耦合。具体推导请参见参文献所列教材。

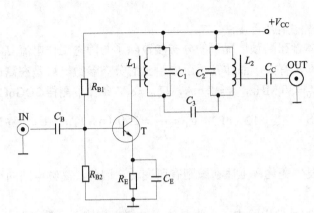

图 1-3　电容耦合双调谐回路放大器原理图

1.3　小信号调谐放大器的性能指标及测量方法

表征高频小信号调谐放大器的主要性能指标有谐振频率 f_0、谐振电压放大倍数 A_{Vo}、放大器的通频带 BW 及选择性（通常用矩形系数 $K_{v0.1}$ 来表示）等。

放大器各项性能指标及测量方法如下。

1. 谐振频率

放大器的调谐回路谐振时所对应的频率 f_0 称为放大器的谐振频率，对于图 1-1 所示电路（也是以下各项指标所对应电路），f_0 的表达式为：

$$f_0 = \frac{1}{2\pi\sqrt{LC_\Sigma}} \tag{1-10}$$

式中，L 为调谐回路电感线圈的电感量；C_Σ 为调谐回路的总电容，C_Σ 的表达式为：

$$C_\Sigma = C + p_1^2 C_{oe} + p_2^2 C_{ie} \tag{1-11}$$

式中，C_{oe} 为晶体管的输出电容；C_{ie} 为晶体管的输入电容。

谐振频率 f_0 的测量方法是：用扫频仪作为测量仪器测出电路的幅频特性曲线，调整变压器 TA_1 的磁芯，使电压谐振曲线的峰值出现在规定的谐振频率点 f_0 上。

2. 谐振电压放大倍数

放大器的谐振回路谐振时所对应的电压放大倍数 A_{Vo} 称为调谐放大器的电压放大倍数。A_{Vo} 的表达式为：

$$A_{Vo} = -\frac{u_o}{u_i} = \frac{-p_1 p_2 y_{fe}}{g_\Sigma} = \frac{-p_1 p_2 y_{fe}}{p_1^2 g_{oe} + p_2^2 g_{ie} + G} \tag{1-12}$$

式中，G 为 LC 回路本身的损耗电导，g_Σ 为谐振回路谐振时的总电导。因为 LC 并联回路在谐振点时的电感 L 和电容 C 的并联电抗为无限大，因此可以忽略其电导。但需要注意的是，y_{fe} 本身也是一个参数，所以谐振时输出电压 u_o 与输入电压 u_i 相位差为（$180° + \Phi_{fe}$），Φ_{fe} 是 y_{fe} 引起的附加相位。

电压放大倍数 A_{Vo} 的测量方法：在谐振回路已处于谐振状态时，用高频电压表测量图 1-1

中 R_L 两端的电压 u_o 及输入信号 u_i 的大小，则电压放大倍数 A_{Vo} 可由下式计算：

$$A_{Vo} = u_o / u_i \quad 或 \quad A_{Vo} = 20\lg(u_o / u_i) \text{（dB）} \tag{1-13}$$

3. 通频带

由于谐振回路的选频作用，当工作频率偏离谐振频率时，放大器的电压放大倍数下降，习惯上称电压放大倍数 A_V 下降到谐振电压放大倍数 A_{Vo} 的 0.707 倍时所对应的频率偏移称为放大器的通频带 BW，其表达式为：

$$BW = 2\Delta f_{0.7} = f_0 / Q_L \tag{1-14}$$

式中，Q_L 为谐振回路的有载品质因数。

分析表明，放大器的谐振电压放大倍数 A_{Vo} 与通频带 BW 的关系为：

$$A_{Vo} \cdot BW = \frac{|y_{fe}|}{2\pi C_\Sigma} \tag{1-15}$$

由式（1-15）说明，当晶体管选定即 y_{fe} 确定，且回路总电容 C_Σ 为定值时，谐振电压放大倍数 A_{Vo} 与通频带 BW 的乘积为一常数。这与低频放大器中的增益带宽积为一常数的概念是相同的。

通频带 BW 的测量方法是：通过测量放大器的谐振曲线来求通频带。测量方法可以是扫频法，也可以是逐点法。逐点法的测量步骤是：先调谐放大器的谐振回路使其谐振，记下此时的谐振频率 f_0 及电压放大倍数 A_{Vo}，然后改变高频信号发生器的频率（保持其输出电压不变），并测出对应的电压放大倍数 A_V。由于回路失谐后电压放大倍数下降，所以放大器的谐振特性曲线如图 1-4 所示。

由式（1-14），得

$$BW = f_H - f_L = 2\Delta f_{0.7} \tag{1-16}$$

通频带越宽，放大器的电压放大倍数越小。要想得到一定宽度的通频宽，同时又要提高放大器的电压增益，由式（1-15）可知，除了选用 y_{fe} 较大的晶体管外，还应尽量减小调谐回路的总电容量。如果放大器只用来放大来自接收天线的某一固定频率的微弱信号，则可减小通频带，尽量提高频放大器的增益。

另一种用扫频仪测量通频带 BW 的方法如下。

先调节"频率偏移"（扫频宽度）旋钮，使相邻两个频标在横轴上占有适当的格数，然后接入被测放大器，调节"输出衰减"和 y 轴增益，使谐振特性曲线在纵轴占有一定高度，测出其曲线下降 3 dB 处两对称点在横轴上占有的宽度，根据内频标就可以近似算出放大器的通频带：BW = 100 kHz × （宽度）。

4. 选择性

调谐放大器的选择性可用谐振特性曲线的矩形系数 $K_{v0.1}$ 来表示，在图 1-4 所示的谐振特性曲线中，矩形系数 $K_{v0.1}$ 为电压放大倍数下降到 $0.1A_{Vo}$ 时对应的频率偏移与电压放大倍数下降到 $0.707A_{Vo}$ 时对应的频率偏移之比，即

$$K_{v0.1} = 2\Delta f_{0.1} / 2\Delta f_{0.7} = 2\Delta f_{0.1} / BW \tag{1-17}$$

式（1-17）表明，矩形系数 $K_{v0.1}$ 越小，谐振特性曲线的形状越接近矩形，选择性越好，反之亦然。一般单级调谐放大器的选择性较差（矩形系数 $K_{v0.1}$ 远大于 1），为提高放大器的选

择性，通常采用多级单调谐回路的谐振放大器。矩形系数 $K_{v0.1}$ 可以通过测量调谐放大器的谐振曲线来求。

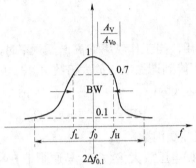

图 1-4 放大器的谐振特性曲线

1.4 实验参考电路

（1）主要技术指标：谐振频率 $f_0 = 20.945$ MHz，谐振电压放大倍数 $A_{Vo} \geqslant 10 \sim 15$（dB），通频带 BW = 1 MHz，矩形系数 $K_{v0.1} < 10$。因 f_T 比工作频率 f_0 大（5~10）倍，所以选用 3DG6C，选 $\beta = 50$，工作电压为 12 V，其中 $r_{b'b} = 70\Omega$，$C_{b'c} = 3$ pF，当 $I_E = 1.5$ mA 时 $C_{b'c}$ 为 25 pF，取 $L \approx 2.4$ μH，变压器初级 $N_2 = 20$ 匝，接入系数 $p_1 = p_2 = 0.25$。

（2）确定电路为单级调谐放大器，如图 1-5 所示。

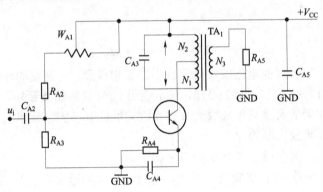

图 1-5 单级调谐放大器

（3）确定电路参数。

① 设置静态工作点。

由于放大器是工作在小信号放大状态，放大器工作电流 I_{CQ} 一般选取 0.8~2 mA 为宜，现取 $I_E = 1.5$ mA，$U_{EQ} = 3$ V，$U_{CEQ} = 9$ V，则 $R_E = U_{EQ} / I_E = 2$ kΩ，$R_{A4} = 2$ kΩ。取流过 R_{A3} 的电流为基极电流的 7 倍，则有：

$$R_{A3} = U_{BQ}/7 I_{BQ} \approx U_{BQ} \times \beta / 7 I_E \approx 17.6 \text{（kΩ）}$$

若 R_{A3} 取 18 kΩ，则有：

$$R_{A2} + W_{A1} = \frac{12 - 3.7}{3.7} \times 18 \approx 40 \text{（kΩ）}$$

取 $R_{A2}=5.1\ \text{k}\Omega$，$W_{A1}$ 选用 $50\ \text{k}\Omega$ 的可调电阻以便调整静态工作点。

② 计算谐振回路参数。

由式（1−6），得：

$$g_{b'e}=\frac{I_E}{26\beta}\approx1.15\ (\text{mS})$$

由式（1−5），得：

$$g_m=\frac{I_E}{26}\approx58\ (\text{mS})$$

由式（1−1）～式（1−4）得 2 个 y 参数：

$$y_{ie}=\frac{g_{b'e}+j\omega C_{b'e}}{1+r_{b'b}(g_{b'e}+j\omega C_{b'e})}=1.373\times10^{-3}+j2.88\times10^{-3}\ (\text{S})$$

由于 $y_{ie}=g_{ie}+j\omega C_{ie}$，则有：

$$g_{ie}=1.373\ (\text{mS}),\quad r_{ie}=1/g_{ie}=728\ (\Omega)$$

$$y_{oe}=\frac{j\omega C_{b'b}C_{b'c}g_m}{1+r_{b'b}(g_{b'e}+j\omega C_{b'e})}+j\omega C_{b'e}\approx0.216+j1.37\ (\text{mS})$$

因 $C_{oe}\approx10.2\ (\text{pF})$，则有：

$$g_{oe}=0.216\ (\text{mS})\quad C_{oe}\approx10.2\ (\text{pF})$$

计算回路总电容，由式（1−10），得：

$$C_{\Sigma}=\frac{1}{(2\pi f_0)^2 L}=\frac{1}{(2\times3.4\times10.7\times10^6)^2\times2\times10^{-6}}\approx12\ (\text{pF})$$

由式（1−11），得：

$$C=C_{\Sigma}-p_1^2 C_{oe}-p_2^2 C_{ie}=120-0.25^2\times22.5-0.25^2\times10.2\approx119\ (\text{pF})$$

则有 $C_{A3}=119\ \text{pF}$，取标称值 $120\ \text{pF}$。

由式（1−7）和式（1−8），得：

$N_1=p_1N_2=0.25\times20=5$（匝）；$N_3=p_2N_2=0.25\times20=5$（匝）

3. 确定耦合电容器及高频滤波电容器

高频电路中的耦合电容及滤波电容器一般选取体积较小的瓷片电容器，现取耦合电容 $C_{A2}=0.01\ \mu\text{F}$，旁路电容 $C_{A4}=0.1\ \mu\text{F}$，滤波电容 $C_{A5}=0.1\ \mu\text{F}$。

1.5 实 验 目 的

（1）熟悉电子元器件和高频电子线路实验系统。
（2）掌握单调谐放大器和双调谐放大器的基本工作原理。
（3）掌握测量放大器幅频特性的方法。
（4）熟悉放大器集电极负载对单调谐放大器和双调谐放大器幅频特性的影响。
（5）放大器动态范围的概念和测量方法。

1.6　实验内容与实验电路

1．实验主要内容

（1）采用点测法测量单调谐放大器和双调谐放大器的幅频特性。

（2）用示波器测量输入和输出信号幅度，并计算放大器的放大倍数。

（3）用示波器观察耦合电容对双调谐回路谐振放大器幅频特性的影响。

（4）用示波器观察放大器的动态范围。

（5）观察集电极负载对放大器幅频特性的影响。

2．小信号调谐放大器实验电路

小信号调谐放大器实验电路图如图 1-6 所示。图中，2P01 为信号输入铆孔，做实验时，高频信号由此铆孔输入。2TP01 为输入信号测试点。接收天线用于构成收发系统时接收发射方发出的信号。变压器 2T1 和电容 2C1、2C2 组成输入选频回路，用来选出所需的信号。晶体三极管 2BG1 用于放大信号，2R1、2R2 和 2R5 为三极管 2BG1 的直流偏置电阻，用以保证晶体管工作于放大区域，且放大器工作于甲类状态。三极管 2BG1 集电极接有 LC 调谐回路，用来谐振于某一工作频率上。本实验电路设计有单调谐与双调谐回路，由开关 2K2 控制。当 2K2 断开时，为电容耦合双调谐回路，2L1、2L2、2C4 和 2C5 组成了初级回路，2L3、2L4、2C7 和 2C9 组成了次级回路，两回路之间由电容 2C6 进行耦合，调整 2C6 可调整其耦合度。当开关 2K2 接通时，即电容 2C6 被短，此时两个回路合并成单个回路，故该电路为单调谐回路。图中 2D1、2D2、2D3 为变容二极管，通过改变 ADVIN 的直流电压，即可改变变容二极管的电容，达到对回路的调谐。底板上的"调谐"旋钮用来改变变容二极管上电压，三个二极管并联，其目的是增大变容二极管的容量。图中开关 2K1 控制 2R3 是否接入集电极回路，2K1 接通时（开关往下拨为接通），将电阻 2R3（2 kΩ）并入回路，使集电极负载电阻减小，回路 Q 值降低，放大器增益减小。图中 2R6、2R7、2R8 和三极管 2BG2 组成放大器，用来对所选信号进一步放大。2TP02 为输出信号测试点，2P02 为信号输出铆孔。

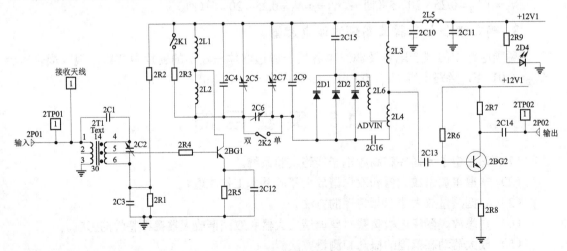

图 1-6　小信号调谐放大器实验电路图

3. 实验仪器

（1）频率特性测试仪　一台

（2）示波器（双踪 100 MHz）　一台

（3）数字万用表　一块

（4）调试工具　一套

（5）信号发生器　一台

（6）高频实验箱　一台

1.7 实 验 步 骤

1. 实验准备

在实验箱主板上插装好调谐回路谐振放大器模块（该模块必须装在底板 D 的位置），接通实验箱上电源开关，按下模块上开关 2K3，此时模块上电源指示灯亮。

2. 单调谐回路谐振放大器幅频特性的测量

测量幅频特性通常有两种方法，即扫频法和点测法。扫频法简单直观，可直接观察到单调谐放大特性曲线，但需要扫频仪。点测法采用示波器进行测试，即保持输入信号幅度不变，改变输入信号的频率，测出与频率相对应的单调谐回路谐振放大器的输出电压幅度，然后画出频率与幅度的关系曲线，该曲线即为单调谐回路谐振放大器的幅频特性。

（1）扫频法，即用扫频仪直接测量放大器的幅频特性曲线。用扫频仪测量的单调谐回路谐振放大器幅频特性曲线如图 1-7 所示。

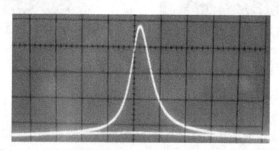

图 1-7　用扫频仪测量的单调谐回路谐振放大器幅频特性

（2）点测法。

① 2K1 置"OFF"（2K1 往上拨）位，即断开集电极电阻 2R3。2K2 置"单调谐"位，此时 2C6 被短路，放大器为单调谐回路。高频信号源输出连接到调谐放大器的输入端（2P01）。示波器 CH1 接放大器的输入端 2TP01，示波器 CH2 接调谐放大器的输出端 2TP02，调整高频信号源频率为 6.3 MHz（用频率计测量），高频信号源输出电压幅度（峰—峰值）为 200 mV（示波器 CH1 监测）。调整调谐放大器的电容 2C5 和底板上"调谐"旋钮，使放大器的输出电压为最大值（示波器 CH2 监测）。此时回路谐振于 6.3 MHz。比较此时输入和输出电压幅度大小，并算出放大倍数。

② 按照表 1-1 改变高频信号源的频率（用频率计测量），保持高频信号源输出电压幅度

为 200 mV（示波器 CH1 监视），从示波器 CH2 上读出与频率相对应的单调谐放大器的电压幅值，并把数据填入表 1-1。

表 1-1　用点测法测试的单调谐放大器的电压幅值

输入信号频率 f/MHz	5.4	5.5	5.6	5.7	5.8	5.9	6.0	6.1	6.2
输出电压幅值 U/mV									
输入信号频率 f/MHz	6.3	6.4	6.5	6.6	6.7	6.8	6.9	7.0	7.1
输出电压幅值 U/mV									

③ 以横轴为频率，纵轴为电压幅值，按照表 1-1 的数据画出单调谐放大器的幅频特性曲线。

3. 观察集电极负载对单调谐放大器幅频特性的影响

当放大器工作于放大状态下，按照上述幅频特性的测量方法测出接通与不接通 2R3 的幅频特性。可以发现：当不接 2R3 时，集电极负载增大，幅频特性幅值加大，曲线变"瘦"，Q 值增高，带宽减小；当接通 2R3 时，幅频特性幅值减小，曲线变"胖"，Q 值降低，带宽加大。用扫频仪测出接通与不接通 2R3 的幅频特性曲线，如图 1-8 和图 1-9 所示。

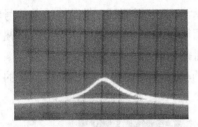 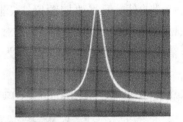

图 1-8　接 2R3 时的幅频特性曲线　　　图 1-9　不接 2R3 时的幅频特性曲线

4. 双调谐回路谐振放大器幅频特性的测量

与单调谐的测量方法完全相同，可用扫频法和点测法。

（1）扫频法。

用扫频仪测量的双调谐回路谐振放大器幅频特性曲线如图 1-10 所示。

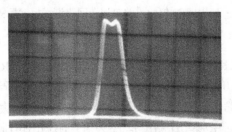

图 1-10　用扫频仪测量的双调谐回路谐振放大器幅频特性曲线

（2）点测法。

① K2 置"双调谐"，接通 2C6，2K1 至"OFF"（开关往上拨）。高频信号源输出频率为 6.3 MHz（用频率计测量），幅度 200 mV，然后用铆孔线接入调谐放大器的输入端（2P01）。

示波器 CH1 接 2TP01，示波器 CH2 接放大器的输出（2TP02）端。调整调谐放大器电容 2C5 和底板上的"调谐"旋钮，使输出电压为最大值。

② 根据表 1-2 改变高频信号源的频率（用频率计测量），保持高频信号源输出电压幅度峰—峰值为 200 mV（示波器 CH1 监视），从示波器 CH2 上读出与频率相对应的双调谐放大器的输出电压幅度值，并把数据填入表 1-2。

表 1-2　用点测法测量的双调谐回路谐振放大器的电压幅值

输入信号频率 f/MHz	4.8	5.0	5.2	5.4	5.6	5.7	5.8	5.9	6.0	6.1
输出电压幅度 U/mV										
输入信号频率 f/MHz	6.2	6.3	6.4	6.5	6.6	6.7	6.8	6.9	7.0	7.1
输出电压幅度 U/mV										

③ 计算出两峰之间凹陷点的大致频率是多少？

④ 横轴为频率，纵轴为幅度，按照表 1-2 的数据画出双调谐放大器的幅频特性曲线。

⑤ 调整 2C6 的电容值，按照上述方法测出改变 2C6 时，双调谐回路谐振放大器的幅频特性曲线。

用扫频仪测得的不同 2C6 时的双调谐回路谐振放大器幅频特性曲线，如图 1-11 所示。

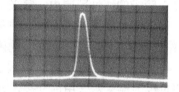 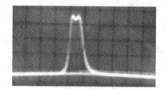 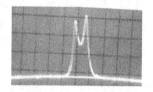

（a）耦合电容减小时　　　（b）耦合电容 2C6 为某一值时　　　（c）耦合电容 2C6 增大时

图 1-11　用扫频仪测得的不同条件的双调谐回路谐振放大器幅频特性曲线

5. 放大器动态范围的测量

2K1 置"OFF"（开关往上拨），2K2 置"单调谐"。高频信号源输出接调谐放大器的输入端（2P01），调整高频信号源频率至谐振频率，幅度 100 mV。示波器 CH1 接 2TP01，示波器 CH2 接调谐放大器的输出（2TP02）端。按照表 1-3 放大器输入电压幅度，改变高频信号源的输出电压幅度（由 CH1 监测）。从示波器 CH2 读出放大器输出电压幅度值，并把数据填入表 1-3，且计算放大器电压放大倍数值。从中可以发现，当放大器的输入电压增大到一定数值时，放大倍数开始下降，输出信号波形开始畸变（失真）。

表 1-3　放大器动态范围测量数据

放大器输入电压幅度 U_i/mV	50	100	200	300	400	500	600	700	800	900	1 000
放大器输出电压幅度 U_o/V											
放大器电压放大倍数											

1.8 实 验 报 告

（1）画出单调谐和双调谐的幅频特性，计算幅值从最大值下降到最大值的 0.707 倍时的带宽，并由此说明其优缺点。比较单调谐和双调谐在幅频特性曲线上有何不同？

（2）画出放大器电压放大倍数与输入电压幅度之间的关系曲线。

（3）当放大器输入电压幅度增大到一定程度时，输出信号波形会发生什么变化？为什么？

（4）总结由本实验所获得的体会。

1.9 知识要点与思考题

1. 知识要点

（1）高频小信号放大器通常分为谐振放大器和非谐振放大器，谐振放大器的负载为串、并联谐振回路或耦合回路。

（2）小信号调谐放大器的选频性能可由通频带和选择性两个质量指标来衡量。用矩形系数可以衡量实际幅频特性接近理想幅频特性的程度，矩形系数越接近于 1，则谐振放大器的选择性越好。

（3）高频小信号放大器由于信号小，可以认为它工作在管子的线性范围内，常采用有源线性四端网络进行分析。y 参数等效电路和混合 π 等效电路是描述晶体管工作状况的重要模型。y 参数与混合 π 参数有对应关系，y 参数不仅与静态工作点有关，而且是工作频率的函数。

（4）单级单调谐放大器是小信号放大器的基本电路，其电压增益主要取决于管子的参数、信号源和负载，为了提高电压增益，谐振回路与信号源和负载的连接常采用部分接入方式。

（5）由于晶体管内部存在反向传输导纳 y_{re}，使晶体管成为双向器件，在一定频率下使回路的总电导为零，这时放大器会产生自激。为了克服自激，常采用"中和法"和"失配法"使晶体管单向化。保持放大器稳定工作所允许的电压增益称为稳定电压增益，用 $(A_{Vo})s$ 表示，$(A_{Vo})s$ 只考虑了内部反馈，未考虑外部其他原因引起的反馈。

（6）非调谐式放大器由各种滤波器和线性放大器组成，它的选择性主要取决于滤波器，这类放大器的稳定性较好。

（7）集成电路谐振放大器体积小、工作稳定可靠、调整方便，其有通用集成电路放大器和专用集成电路放大器，也可和其他功能电路集成在一起。

2. 思考题

（1）RLC 串联和 LC 并联谐振电路的谐振阻抗、品质因数、谐振特性、矩形系数和频带宽度是如何计算的？何谓广义失谐量？

（2）当一个大电容作为滤波电容时，为什么还要再并联上一个小电容？

（3）耦合电路的谐振特性是什么？如何计算频带宽度和品质因数及矩形系数？

（4）何谓接入系数？部分接入时的阻抗、电压、电流是如何等效处理的？

（5）如何进行串联和并联电路的等效阻抗变换？

（6）负载和电源内阻对谐振电路的 Q 值有什么影响？

（7）请画出晶体管高频小信号的高频混合 h–π 和 y 参数等效电路，并说明结电容和结电阻对性能有何影响？

（8）单调谐和双调谐小信号放大器的增益、带宽、矩形系数如何计算？两种回路放大器在性能上有什么差别？

（9）当由若干个相同的单调谐放大器或双调谐放大器组成多级放大器时，多级放大器的带宽和增益如何变化？矩形系数如何变化？

（10）高频小信号放大器的主要不稳定因素是什么？如何提高频放大器的稳定性？

（11）当采用中和电容时，如何选择它的数值？

实验 2 高频谐振功率放大器

2.1 概 述

高频功率放大器是一种能量转换器件,它是将电源供给的直流能量转换为高频交流输出。高频功率放大器是通信系统中发送装置的重要组件,它也是一种以谐振电路作负载的放大器。它和小信号调谐放大器的主要区别在于:小信号调谐放大器的输入信号很小,在微伏到毫伏数量级,晶体管工作于线性区域。小信号调谐放大器一般工作在甲类状态,效率较低。而高频功率放大器的输入信号要大得多,约为几百毫伏到几伏,晶体管工作延伸到非线性区域——截止区和饱和区,这种放大器的输出功率大,效率高,一般工作在丙类(C)状态。

导通角 θ 的定义:集电极电流流通角度的一半叫导通角,用 θ 表示。

- 甲类(A 类):$\theta = 180°$,效率约 50%;
- 乙类(B 类):$\theta = 90°$,效率可达 78.5%;
- 甲乙类(AB 类):$90° < \theta < 180°$,效率约 $50\% < \eta < 78.5\%$;
- 丙类(C 类):$\theta < 90°$,效率大于 78.5%。

可以推测,继续减小 θ,使 θ 小于 90°,丙类放大器效率将继续提高。

2.2 基 本 原 理

利用选频网络作为负载回路的功率放大器称为谐振功率放大器,这是无线电发射机中的重要组成部分。根据放大器电流导通角 θ 的范围,功率放大器可分为甲类、乙类、丙类及丁类等不同类型。电流导通角 θ 越小,放大器的效率 η 越高。例如,甲类功率放大器;$\theta = 180°$,效率 η 最高,也只能达到 50%;而丙类功率放大器:$\theta < 90°$,效率 η 可达到 80%。甲类功率放大器适合作为中间级或输出功率较小的末级功率放大器,丙类功率放大器通常作为末级功率放大器以获得较大的输出功率和较高的效率。

由两级功率放大器组成的高频功率放大器电路如图 2-1 所示,其中 T_1 组成甲类功率放大器,晶体管 T_2 组成丙类谐振功率放大器,这两种功率放大器的应用十分广泛,下面介绍它们的工作原理及基本关系式。

1. 甲类功率放大器

1)静态工作点

如图 2-1 所示,晶体管 T_1 组成甲类功率放大器,工作在线性放大状态。其中,R_{B1}、R_{B2} 为基极偏置电阻;R_{E1} 为直流负反馈电阻,以稳定电路的静态工作点;R_{F1} 为交流负反馈电阻,可以提高频放大器大器的输入阻抗,稳定增益。电路的静态工作点由下列关系式确定:

$$u_{EQ} = I_{EQ}(R_{F1} + R_{E1}) \approx I_{CQ}R_{E1} \qquad (2-1)$$

式中，R_{F1} 一般为几欧至几十欧。

$$I_{CQ} = \beta I_{BQ} \qquad (2-2)$$

$$u_{BQ} = u_{EQ} + 0.7\,\text{V} \qquad (2-3)$$

$$u_{CEQ} = V_{CC} - I_{CQ}(R_{F1} + R_{E1}) \qquad (2-4)$$

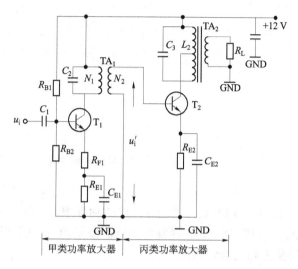

图 2-1 由两级功率放大器组成的高频功率放大器电路

2）负载特性

如图 2-1 所示，甲类功率放大器的输出负载由丙类功率放大器的输入阻抗决定，两级间通过变压器进行耦合，因此甲类功率放大器的交流输出功率 P_o 可表示为：

$$P_o = P_L' / \eta_B \qquad (2-5)$$

式中，P_L' 为输出负载上的实际功率；η_B 为变压器的传输效率，一般 $\eta_B = 0.75 \sim 0.85$。

甲类功率放大器的负载特性如图 2-2 所示。为获得最大不失真输出功率，其静态工作点 Q 应选在交流负载线 AB 的中点，此时集电极的负载电阻 R_H 称为最佳负载电阻。集电极的输出功率 P_C 可表示为：

$$P_C = \frac{1}{2}U_{cm}I_{cm} = \frac{1}{2}\frac{U_{cm}^2}{R_H} \qquad (2-6)$$

式中，U_{cm} 为集电极输出的交流电压振幅；I_{cm} 为交流电流的振幅，它们的表达式分别为：

$$U_{cm} = V_{CC} - I_{CQ}R_{E1} - U_{CES} \qquad (2-7)$$

式中，U_{CES} 称为饱和压降，约 1 V。

$$I_{cm} \approx I_{CQ} \qquad (2-8)$$

如果变压器的初级线圈匝数为 N_1，次级线圈匝数为 N_2，则

$$\frac{N_1}{N_2} = \sqrt{\frac{\eta_B R_H}{R_H'}} \qquad (2-9)$$

式中，R'_H 为变压器次级接入的负载电阻，即下级丙类功率放大器的输入阻抗。

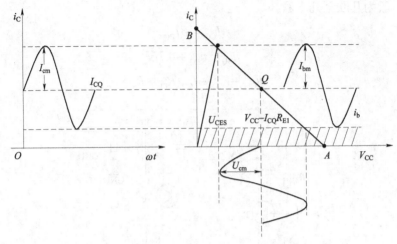

图 2-2　甲类功率放大器的负载特性

3）功率增益

与电压放大器不同的是，功率放大器应有一定的功率增益，对于图 2-1 所示的电路，甲类功率放大器不仅要为下一级功率放大器提供一定的激励功率，而且还要将前级输入的信号进行功率放大，功率增益 A_P 可表示为：

$$A_\mathrm{P} = P_\mathrm{o} / P_\mathrm{i} \tag{2-10}$$

其中，P_i 为放大器的输入功率，它与放大器的输入电压 u_im 及输入电阻 R_i 的关系为：

$$u_\mathrm{im} = \sqrt{2R_\mathrm{i}P_\mathrm{i}} \tag{2-11}$$

式中，R_i 又可以表示为：

$$R_\mathrm{i} \approx h_\mathrm{ie} + (1 + h_\mathrm{fe})R_\mathrm{F1} \tag{2-12}$$

式中，h_ie 为共发放大器的输入电阻，高频工作时，可认为它近似等于晶体管的基极体电阻 $r_{\mathrm{bb}'}$；h_fe 为共发射极放大器的电流放大系数，在高频情况下它是复数，为方便起见，可取晶体管直流放大系数 β。

2. 丙类功率放大器

由于功率放大器工作在丙类时集电极电流是余弦脉冲，因此集电极电流负载不能采用纯电阻，而必须接一个 LC 振荡回路，从而在集电极得到一个完整的余弦（或正弦）电压信号。

1）基本关系式

如图 2-1 所示，丙类功率放大器的基极偏置电压 U_BE 是利用发射极电流的直流分量 I_EO（$\approx I_\mathrm{CO}$）在发射极电阻 R_E2 上产生的压降来提供的，故称为自给偏压电路。当放大器的输入信号 u'_i 为正弦波时，则集电极的输出电流 i_C 为余弦脉冲信号。利用谐振回路 L_2C_3 的选频作用可输出基波谐振电压 u_c1 和电流 i_c1。丙类功率放大器的基极与集电极间的电流、电压波形关系如图 2-3 所示。

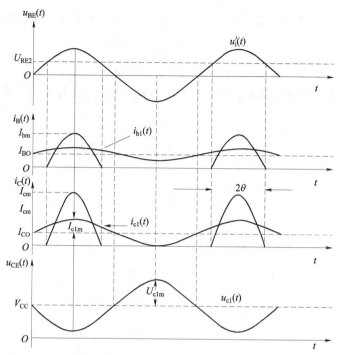

图 2-3　丙类功率放大器的基极、集电极电流和电压波形关系

对周期性的余弦脉冲 i_C，可用傅里叶级数展开：

$$i_C = I_{CO} + i_{c1} + i_{c2} + i_{c3} + \cdots = I_{CO} + I_{c1m}\cos\omega t + I_{c2m}\cos 2\omega t + I_{c3m}\cos 3\omega t + \cdots$$

式中，I_{c1m}、I_{c2m}、I_{c3m} 为基波和各次谐波的振幅；ω 为集电极余弦脉冲电流（也就是输入信号）的角频率。LC 谐振回路被调谐于信号（角）频率，对基波电流呈现一个很大的纯阻，因而回路两端的基波压降很大。LC 谐振回路对直流成分和其他谐波失谐很大，相应的阻抗很小，相应的电压成分很小，因此直流和各次谐波在回路上的压降可以忽略不计。这样，尽管集电极电流 i_C 为一个余弦脉冲，但集电极电压 u_{CE} 却为一个完整的不失真的余弦波（基波成分）。

显然，LC 振荡回路起到了选频和滤波的作用：选出基波、滤除直流和各次谐波。

LC 振荡回路的另一个作用是阻抗匹配。也就是说，可以改变回路（电感）的接入参数，使功放管得到最佳的负载阻抗，从而输出最大的功率。

经分析可得下列基本关系式：

$$U_{c1m} = I_{c1m}R_o \tag{2-13}$$

式中，U_{c1m} 为集电极输出的谐振电压振幅（即基波电压的振幅）；I_{c1m} 为集电极基波电流振幅；R_o 为集电极回路的谐振阻抗。

集电极交流输出功率为：

$$P_C = \frac{1}{2}U_{c1m}I_{c1m} = \frac{1}{2}I_{c1m}^2 R_o = \frac{1}{2}\frac{U_{c1m}^2}{R_o} \tag{2-14}$$

电源 V_{CC} 供给的直流功率为：

$$P_D = V_{CC}I_{CO} \tag{2-15}$$

式中，I_{CO} 为集电极电流脉冲 i_C 的直流分量。

电流脉冲 i_C 经傅里叶级数分解，可得峰值 I_{cm} 与分解系数 $\alpha_n(\theta)$ 的关系式：

$$\begin{cases} I_{cnm} = I_{cm} \cdot \alpha_n(\theta) \\ I_{CO} = I_{cm} \cdot \alpha_0(\theta) \end{cases} \tag{2-16}$$

式中，I_{cnm} 为几次谐波电抗振幅，电流脉冲的分解系数 $\alpha_n(\theta)$ 与 θ 的关系如图 2-4 所示。

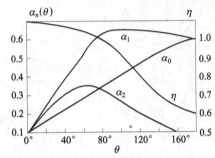

图 2-4 电流脉冲的分解系数 $\alpha_n(\theta)$ 与 θ 的关系

放大器集电极的耗散功率 P_C' 为：

$$P_C' = P_D - P_C \tag{2-17}$$

放大器的效率 η 为：

$$\eta = \frac{P_C}{P_D} = \frac{1}{2} \cdot \frac{U_{clm}}{V_{CC}} \cdot \frac{I_{clm}}{I_{CO}} = \frac{1}{2} \cdot \frac{U_{clm}}{V_{CC}} \cdot \frac{\alpha_1(\theta)}{\alpha_0(\theta)} = \frac{1}{2} \xi \frac{\alpha_1(\theta)}{\alpha_0(\theta)} \tag{2-18}$$

式中，$\xi = U_{clm}/V_{CC}$ 称为电压利用系数。

功放管特性曲线折线化后的输入电压 u_{BE} 与集电极电流脉冲 i_C 的波形关系如图 2-5 所示。

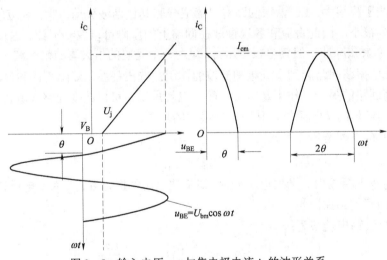

图 2-5 输入电压 u_{BE} 与集电极电流 i_C 的波形关系

由图 2-5 可得：

$$\cos\theta = \frac{U_j - V_B}{U_{bm}} \tag{2-19}$$

式中，U_j 为晶体管导通电压（硅管约为 0.6 V，锗管约为 0.3 V）；U_{bm} 为输入电压（或激励电压）的振幅；V_B 为基极直流偏压。

$$V_B = -I_{CO}R_{E2} \qquad (2-20)$$

当输入电压 u_{BE} 大于导通电压 U_j 时，晶体管导通，工作在放大状态，则基极电流脉冲 I_{bm} 与集电极电流脉冲 I_{cm} 呈线性关系，即满足

$$I_{cm} = h_{fe}I_{bm} \approx \beta I_{bm} \qquad (2-21)$$

因此基极电流脉冲的基波振幅 I_{b1m} 及直流分量 I_{BO} 也可以表示为：

$$\begin{cases} I_{b1m} = I_{bm}a_1(\theta) \\ I_{BO} = I_{bm}a_0(\theta) \end{cases} \qquad (2-22)$$

基极基波输入功率 P_i 为：

$$P_i = \frac{1}{2}U_{b1m}I_{b1m} \qquad (2-23)$$

放大器的功率增益 A_P 为：

$$A_P = \frac{P_o}{P_i} \quad \text{或} \quad A_P = 10\lg\frac{P_o}{P_i} \quad \text{（dB）} \qquad (2-24)$$

丙类功率放大器的输出回路采用变压器耦合方式，其等效电路如图 2-6 所示。集电极谐振回路为部分接入，谐振频率为：

$$\omega_0 = \frac{1}{\sqrt{LC}} \quad \text{或} \quad f_0 = \frac{1}{2\pi\sqrt{LC}} \qquad (2-25)$$

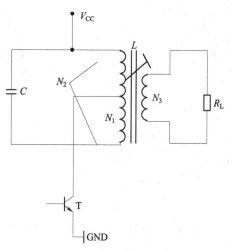

图 2-6 变压器耦合等效电路

谐振阻抗与变压器线圈匝数比为：

$$\begin{cases} \dfrac{N_3}{N_1} = \dfrac{\sqrt{2P_oR_L}}{U_{c1m}} = \sqrt{\dfrac{R_L}{R_o}} \\[3mm] \dfrac{N_2}{N_3} = \sqrt{\dfrac{\omega_0 L}{R_L}} \cdot Q_L \end{cases} \qquad (2-26)$$

式中，N_1 为集电极接入初级匝数；N_2 为初级线圈总匝数；N_3 为次级线圈总匝数；Q_L 为初级回路有载品质因数，一般取 2～10。

丙类功率放大器的输入回路亦采用变压器耦合方式，以使输入阻抗与前级输出阻抗匹配。根据调谐功率放大器在工作时是否进入饱和区，可将放大器分为欠压、过压和临界三种工作状态。若在整个周期内，晶体管不工作在饱和区，也即在任何时刻都工作在放大区，称放大器工作在欠压状态；若晶体管工作时刚刚进入饱和区的边缘，称放大器工作在临界状态；若晶体管工作时有部分时间进入饱和区，则称放大器工作在过压状态。放大器的这三种工作状态取决于电源电压、偏置电压、激励电压幅值及集电极等效负载电阻。

2）负载特性

当 V_{CC}、V_B、U_{bm} 保持恒定时，若要改变集电极等效负载电阻对放大器工作状态的影响，功率放大器的电源电压、基极偏压和输入电压（或称激励电压）确定后，如果电流导通角选定，则放大器的工作状态只取决于集电极回路的等效负载电阻 R_q。谐振功率放大器的交流负载特性如图 2-7 所示，由图可见，当交流负载线正好穿过静态特性曲线的转折点 A 时，晶体管的集电极电压正好等于饱和压降 U_{CES}，集电极电流脉冲接近最大值 I_{cm}。此时，集电极的输出功率 P_c 和效率 η 都较高，放大器处于临界工作状态。R_q 所对应的值称为最佳负载电阻值，用 R_o 表示，即

$$R_o = \frac{(V_{CC} - U_{CES})^2}{2P_o} \tag{2-27}$$

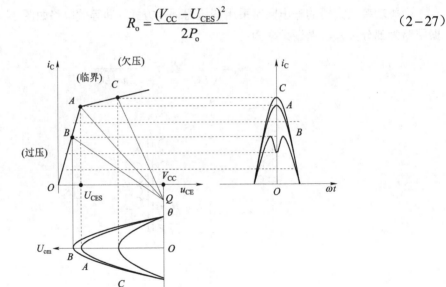

图 2-7　谐振功率放大器的负载特性

当 $R_q < R_o$ 时，放大器处于欠压工作状态，如图 2-7 的 C 点所示，集电极输出电流虽然较大，但集电极电压较小，因此输出功率和效率都较小；当 $R_q > R_o$ 时，放大器处于过压状态，如图 2-7 的 B 点所示，集电极电压虽然较大，但集电极电流波形有凹陷，因此输出功率较低，但效率较高。为了兼顾输出功率和效率的要求，谐振功率放大器通常选择在临界工作状态。判断放大器是否为临界工作状态的条件是：

$$V_{CC} - U_{cm} = U_{CES} \tag{2-28}$$

式中，U_{cm} 集电极输出电压幅度；U_{CES} 晶体管饱和压降。

3）激励电压幅值 U_{bm} 变化对工作状态的影响

当调谐功率放大器的电源电压、偏置电压和负载电阻保持恒定时，激励振幅 U_{bm} 变化对放大器工作状态的影响如图 2-8 所示。由图可以看出，当 U_{bm} 增大时，i_{Cmax}、U_{cm} 也增大；当 U_{bm} 增大到一定程度，放大器的工作状态由欠压进入过压，电流波形出现凹陷，但此时 U_{cm} 还会增大（如 U_{c3m}）。

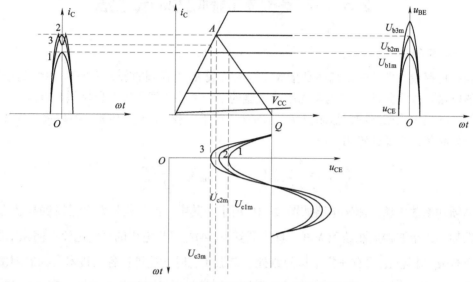

图 2-8　U_{bm} 变化对放大器工作状态的影响

4）电源电压 V_{CC} 变化对放大器工作状态的影响

在 V_B、U_{bm}、R_L 保持恒定时，集电极电源电压变化对放大器工作状态的影响如图 2-9 所示。由图可见，V_{CC} 变化，U_{CEmin} 也随之变化，使得 U_{CEmin} 和 U_{CES} 的相对大小发生变化。当

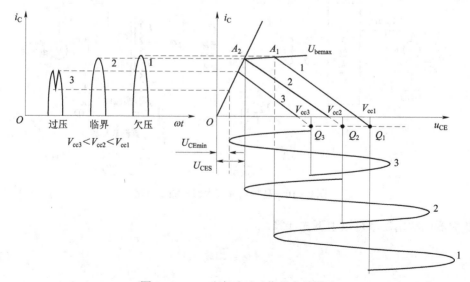

图 2-9　V_{CC} 改变时对工作状态的影响

V_{CC} 较大时，U_{CEmin} 具有较大数值，且远大于 U_{CES}，放大器工作在欠压状态。随着 V_{CC} 减小，U_{CEmin} 也减小，当 U_{CEmin} 接近 U_{CES} 时，放大器工作在临界状态。E_c 再减小，U_{CEmin} 小于 U_{CES} 时，放大器工作在过压状态。图 2-9 中，$V_{CC} > V_{CC2}$ 时，放大器工作在欠压状态；$V_{CC} = V_{CC2}$ 时，放大器工作在临界状态；$V_{CC} < V_{CC2}$ 时，放大器工作在过压状态。即当 V_{CC} 由大变小时，放大器的工作状态由欠压进入过压，i_C 波形也由余弦脉冲波形变为中间凹陷的脉冲波。

2.3　主要技术指标及测试方法

1. 输出功率

高频功率放大器的输出功率是指放大器的负载 R_L 上得到的最大不失真功率。对于图 2-1 所示的电路，由于负载 R_L 与丙类功率放大器的谐振回路之间采用变压器耦合方式，实现了阻抗匹配，则集电极回路的谐振阻抗 R_0 上的功率等于负载 R_L 上的功率，所以将集电极的输出功率视为高频放大器的输出功率，即

$$P_C = \frac{1}{2}U_{c1m}I_{c1m} = \frac{1}{2}I_{c1m}^2 R_0 = \frac{1}{2}\frac{U_{c1m}^2}{R_0}$$

高频功率放大器的测试电路如图 2-10 所示。其中，高频信号发生器提供激励信号电压与谐振频率；示波器监测波形失真；直流毫安表 (mA) 测量集电极的直流电流；高频电压表 (V) 测量负载 R_L 端电压。只有在集电极回路处于谐振状态时才能进行各项技术指标的测量。可以通过高频电压表 (V) 及直流毫安表 (mA) 的指针来判断集电极回路是否谐振，即电压表 (V) 的指示为最大、毫安表 (mA) 的指示为最小时集电极回路处于谐振。当然用扫频仪测量回路的幅频特性曲线，使中心频率处的电压幅值最大时也表示集电取回路处于谐振。

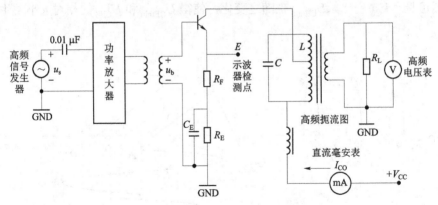

图 2-10　高频功率放大器的测试电路

放大器的输出功率可以由下式计算：

$$P_o = \frac{u_L^2}{R_L} \tag{2-29}$$

利用图 2-10 所示电路，可以通过测量来计算功率放大器的效率，集电极回路谐振时，

η 的值由下式计算：

$$\eta = \frac{P_{\mathrm{C}}}{P_{\mathrm{D}}} = \frac{u_{\mathrm{L}}^2 / R_{\mathrm{L}}}{I_{\mathrm{CO}} V_{\mathrm{CC}}} \tag{2-30}$$

式中，u_{L} 为高频电压表的测量值；I_{CO} 为直流毫安表的测量值。

2. 功率增益

放大器的输出功率 P_{o} 与输入功率 P_{i} 之比称为功率增益，用 A_{p}（单位：dB）表示，见公式 2−24。

2.4 高频功率放大器的实验电路

本实验单元由两级放大器组成，如图 2−11 所示。其中 11BG02 是前置放大级，工作在甲类线性状态，以适应较小的输入信号电平。高频信号由铆孔 11P01 输入，经 11R10、11C09 加到 11BG02 的基极。11TP01、11TP02 分别为该级输入、输出测量点。由于该级负载是电阻，对输入信号没有滤波和调谐作用，因而既可作为调幅放大，也可作为调频放大。当 11K05 跳线去掉时，11BG01 为丙类高频功率放大电路，其基极偏置电压为零，通过发射极上的电压构成反偏。因此，只有在载波的正半周且幅度足够大时才能使功率管导通。其集电极负载为 LC 选频谐振回路，谐振在载波频率上可选出基波，因此可获得较大的输出功率。本实验功率放

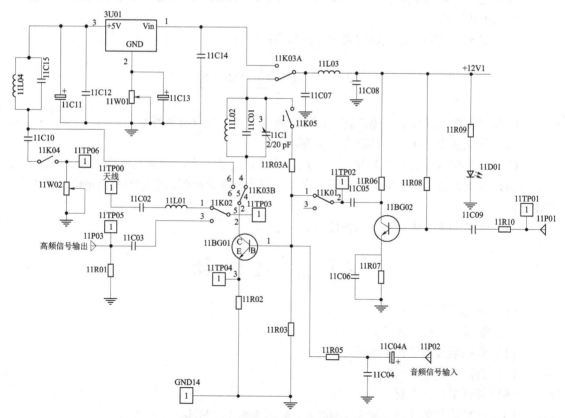

图 2−11 高频功率放大器的实验电路图

大器有两个选频回路，由 11K02 来选定。当 11K02 拨至左侧（1、2，4、5 接通）时，所选谐振回路由 11L02、11C01 和 11C1 组成，其谐振频率为 6.3 MHz 左右，此时的功率放大器可用于构成无线收发系统；当 11K02 拨至右侧时（2、3，5、6 接通），谐振回路由 11L04、11C15 组成，其谐振回路谐振频率为 2 MHz 左右，此时可用于测量三种状态（欠压、临界、过压）下的电流脉冲波形，频率较低时测量效果较好。11K04 用于控制负载电阻的接通与否，11W02 电位器用来改变负载电阻的大小，11W01 电位器用来调整功率放大器集电极电源电压的大小（谐振回路频率为 2 MHz 左右时）。在功率放大器构成系统时，11K02 用于控制功率放大器是由天线发射输出还是直接通过铆孔输出。当 11K02 往上拨时，功率放大器输出通过天线发射，11TP00 为天线接入端；11K02 往下拨时，功率放大器通过 11P03 输出。11P02 为音频信号输入口，加入音频信号时可对功率放大器进行基极调幅。11TP03 为功率放大器集电极测试点，11TP04 为发射极测试点，可在该点测量电流脉冲波形。11TP06 用于测量负载电阻大小。当输入信号为调幅波时，11BG01 不能工作在丙类状态，因为当调幅波在波谷时幅度较小，11BG01 可能不导通，导致输出波形严重失真。因此，输入信号为调幅波时，11K05 跳线器必须插上，使 11BG01 工作在甲类状态。

2.5 实 验 目 的

（1）进一步理解谐振功率放大器的工作原理及负载阻抗、激励电压和集电极电源电压变化对其工作状态的影响。

（2）掌握丙类功率放大器的调谐特性和负载特性。

2.6 实 验 内 容

（1）观察高频功率放大器工作于丙类状态的现象，并分析其特点。

（2）测试丙类功率放大器的调谐特性。

（3）测试负载变化时三种状态（欠压、临界、过压）下功放管集电极的余弦电流波形。

（4）观察激励电压、集电极电压变化时三种状态下功放管集电极的余弦电流脉冲的变化过程。

（5）观察功率放大器基极调幅波形。

2.7 实 验 仪 器

（1）高频实验箱 一台

（2）高频电压表（选项） 一台

（3）双踪示波器（100 MHz） 一台

（4）万用表 一块

（5）调试工具 一套

（6）高频信号源（最大功率 10 dBm，最高频率 100 MHz） 一台

2.8 实 验 步 骤

1. 实验准备

在实验箱主板上装上高频功率放大与射频发射模块,接通电源即可开始实验。

2. 前置放大级输入、输出波形的测试

高频信号源频率设置为 6.3 MHz,电压幅度峰—峰值 300 mV 左右,用铆孔线连接到 11P01,模块上开关 11K01 置"OFF",用示波器测试 11P01 和 11TP02 点的波形幅度,并计算其放大倍数。由于该级集电极负载是电阻,没有选频作用。

3. 激励电压、电源电压及负载变化对丙类功率放大器工作状态的影响

1)激励电压对放大器工作状态的影响

开关 11K01 置"ON",11K03 置"右侧",11K02 往下拨。保持集电极电源电压 $V_{CC}=5V$ 左右(用万用表测 11TP03 直流电压,11W01 逆时针调到底)、负载电阻 $R_L=10$ kΩ左右(11K04 置"OFF",用万用表测 11TP06 电阻,11W02 顺时针调到底,然后 11K04 置"ON")不变。

设置高频信号源频率 1.9 MHz 左右、电压峰—峰值 200 mV,并将其连接至功率放大器模块输入端(11P01)。示波器 CH1 接 11TP03,CH2 接 11TP04。调整高频信号源频率,使功率放大器谐振即输出电压幅度(11TP03)最大。改变高频信号源幅度,即改变激励信号电压 u_b,观察 11TP04 电压波形。高频信号源电压幅度变化时,应观察到欠压、临界、过压脉冲波形,如图 2-12 所示(如果波形不对称,应微调高频信号源频率,如果高频信号源是 DDS 信号源,注意选择合适的频率步长挡位)。

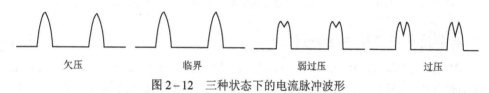

欠压　　　　　　临界　　　　　　弱过压　　　　　　过压

图 2-12　三种状态下的电流脉冲波形

三种状态下实际观察到的波形如图 2-13 所示。

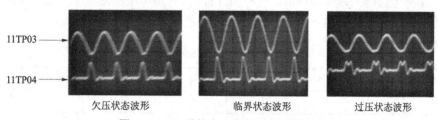

欠压状态波形　　　　　临界状态波形　　　　　过压状态波形

图 2-13　三种状态下实际观察到的波形

2)集电极电源电压 V_{CC} 对放大器工作状态的影响

保持激励电压(11TP01 电压峰—峰值 200 mV)、负载电阻 $R_L=10$ kΩ不变(11W02 顺时针调到底),改变功率放大器集电极电压(调整 11W01 电位器,使 V_{CC} 为 5~10 V 变化),观察 11TP04 电压波形。调整电压 V_{CC} 时,仍可观察到图 2-14 的波形,但此时欠压波形幅度比

临界时稍大。三种状态下实际观察到的波形如图 2-15 所示。

11TP03 →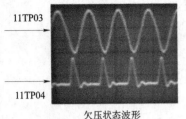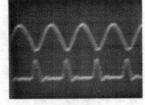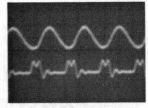

11TP04 →

　　欠压状态波形　　　　　　　　　　　临界状态波形　　　　　　　　　　　　过压状态波形

图 2-14　三种状态下实际观察到的波形（调整电压 E_c）

　　3）负载电阻 R_L 变化对放大器工作状态的影响

　　保持功率放大器集电极电压 $V_{CC}=5$ V（11W01 逆时针调到底）、激励电压（11TP01 电压峰—峰值 150 mV）不变，改变负载电阻 R_L（调整 11W02 电位器，注意 11K04 置"ON"），观察 11TP04 电压波形，同样能观察到图 2-15 的脉冲波形，但欠压时波形幅度比临界时大。测出欠压、临界、过压时负载电阻的大小。测试电阻时必须将 11K04 置"OFF"，测完后再置"ON"。三种状态下实际观察到的波形如图 2-15 所示。

11TP03 →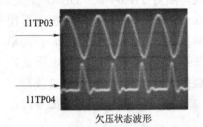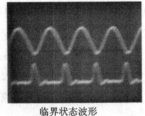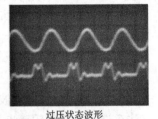

11TP04 →

　　欠压状态波形　　　　　　　　　　　临界状态波形　　　　　　　　　　　　过压状态波形

图 2-15　三种状态下实际观察到的波形（调整负载电阻 R_L）

4. 功率放大器调谐特性的测试

　　11K01 置"ON"，11K02 往下拨，11K03 置"左侧"，拔掉 11K05 跳线器。高频信号源接入前置级输入端（11P01），电压峰—峰值 800 mV。以 6.3 MHz 的频率为中心点，以 200 kHz 为频率间隔，向左、右两侧画出 6 个频率测量点，画出表 2-1。高频信号源按照表格上的频率变化，保持电压峰—峰值 800 mV 左右（11TP01），用示波器测量 11TP03 的电压值。测出与频率相对应的电压值并填入表 2-1，然后画出频率与电压的关系曲线。

表 2-1　频率与电压的关系曲线

f/MHz	5.1	5.3	5.5	5.7	5.9	6.1	6.3	6.5	6.7	6.9	7.1	7.3	7.5
V_{P-P}/V													

5. 功率放大器调幅波的观察

　　保持上述三种的状态，调整高频信号源的频率，使功率放大器谐振，即使 11TP03 点输出电压幅度最大。然后从 11P02 输入音频调制信号，用示波器观察 11TP03 的波形。此时该点波形应为调幅波，改变音频调制信号的幅度，输出调幅波的调制度应发生变化；改变音频调制信号的频率，调幅波的包络亦随之变化。

三种状态下实际观测的调幅波如图 2-16 所示。

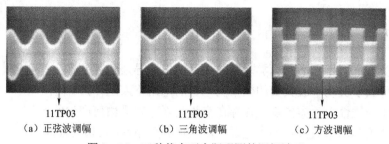

（a）正弦波调幅   （b）三角波调幅   （c）方波调幅

图 2-16 三种状态下实际观测的调幅波形

2.9 实 验 报 告

（1）认真整理实验数据，对实验参数和波形进行分析，说明输入激励电压、集电极电源电压及负载电阻对工作状态的影响。

（2）用实测参数分析丙类功率放大器的特点。

（3）总结由本实验所获得的体会。

2.10 知识要点与思考题

 知识要点

（1）谐振功率放大器主要用来放大高频大信号，其目的是获得高功率和高效率输出的有用信号。

（2）谐振功率放大器的特点是晶体管基极为负偏压，即工作在丙类工作状态，其集电极电流为余弦脉冲波，由于负载为 LC 回路，则输出电压为完整的正弦波。

（3）丙类谐振功率放大器工作在非线性区，采用折线近似法进行分析，根据晶体管是否工作在饱和状态而分为欠压、临界和过压三种工作状态。当负载电阻 R_L 变化时，其工作状态发生变化，由此引起放大器输出电压、功率、效率的变化特性称为负载特性。各极电压的变化也会引起工作状态的变化。其临界工作时输出功率最大，效率也较高，欠压、过压工作状态主要用于调幅电路。过压工作状态主要用于中间级放大。

（4）功率放大器的主要指标是功率和效率，丙类谐振功率放大器是利用折线化后的转换特性和输出特性进行分析计算的。为了提高效率，常采用减小管子导通角和保证负载回路谐振的方法。

（5）一个完整的功率放大器由功率放大器管、反馈电路和阻抗匹配电路等组成。阻抗匹配电路是保证功率放大器管集电极调谐、负载阻抗和输入阻抗符合要求的电路。在给定功率放大器管后，放大器的设计主要就是反馈电路和阻抗匹配电路的设计。

（6）功放管在高频工作时很多效应都会表现出来，因此，理论分析与实际参数有一定误差，分布电阻、电感和电容等效应不可忽略，功放管的实际工作状态要由实验来调整。

 思考题

（1）甲类、乙类、甲乙类和丙类功率放大器的电流导通角各是多少？哪种电路的效率高？

（2）为什么丁类功率放大器的效率高？它的电路特点是什么？

（3）由于非线性，乙类推挽电路存在交越失真，它是如何产生的？

（4）何谓丙类功率放大器的集电极电流波形分解系数α？如何计算？

（5）功率放大器的直流功率、集电极耗散功率P_C、效率η_C和输出功率是如何定义和计算的，它们的关系如何？

（6）在集电极调幅和基极调幅时，丙类功率放大器应分别工作在什么状态？

（7）为什么丙类功率放大器不能用电阻作为负载？

（8）如何计算丙类功率放大器的输出功率、效率和电源功率和集电极耗散功率？什么是电源利用率？

（9）通常对滤波匹配网路的要求是什么？有哪几种常用形式？

（10）通常丙类功率放大器有哪几种直流馈电形式？

（11）何谓过压、欠压和临界状态？电源电压，激励电压、谐振负载和偏置电压对丙类功率放大器的工作状态有什么影响影响？

实验 3　正弦振荡器

3.1　概　　述

振荡器是指在没有外加信号的作用下一种自动将直流电源的能量变换为一定波形的交变振荡能量的装置。

正弦波振荡器在电子技术领域应用广泛。在信息传输系统的各种发射机中，把主振器（振荡器）所产生的载波经过放大、调制，再将信息发送出去。在超外差式的各种接收机中，由振荡器产生一个本地振荡信号送入混频器，才能将高频信号变成中频信号。

振荡器的种类很多。从所采用的分析方法和振荡器的特性来看，可以把振荡器分为反馈式振荡器和负阻式振荡器两大类。这里只讨论反馈式振荡器。根据振荡器所产生的波形，又可以把振荡器分为正弦波振荡器与非正弦波振荡器。这里只介绍正弦波振荡器。

常用正弦波振荡器主要由决定振荡频率的选频网络和维持振荡的正反馈放大器组成，这就是反馈振荡器。按照选频网络所采用元件的不同，正弦波振荡器可分为 LC 振荡器、RC 振荡器和晶体振荡器等类型。

3.2　正弦振荡器的工作原理

以互感反馈振荡器为例，分析反馈型正弦波自激振荡器的基本原理，其原理电路图如图 3-1 所示。

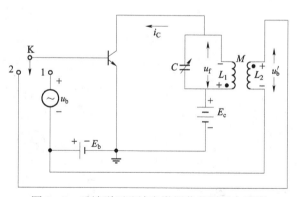

图 3-1　反馈型正弦波自激振荡器原理电路图

当开关 K 接"1"时，信号源 u_b 加到晶体管输入端，这就是一个调谐放大器电路，集电极回路得到了一个放大了的反馈信号 u_f'。

当开关 K 接"2"时，信号源 u_b 不加入晶体管，输入晶体管的信号是 u_f 的一部分 u_b'。若适当选择互感 M 和 u_f 的极性，可以使 u_b 和 u_b' 大小相等、相位相同，那么电路一定能维持高频振荡，达到自激振荡的目的。实际上起振并不需要外加激励信号，靠电路内部扰动即可起振。

产生自激振荡必须具备以下两个条件。

（1）反馈必须是正反馈，即反馈到输入端的反馈电压与输入电压同相，也就是 u'_b 和 u_b 同相。

（2）反馈信号必须足够大，如果从输出端送回到输入端的信号太弱，就不会产生振荡，也就是说，反馈电压 u'_b 在数值上应大于或等于所需要的输入信号电压 u_b。

实际上，正弦波振荡器是指振荡波形接近理想正弦波的振荡器，这是应用非常广泛的一类电路，产生正弦信号的振荡电路形式很多，但归纳起来，不外乎是 RC、LC 和晶体振荡器三种形式。在本实验中，主要研究 LC 三端式振荡器及晶体振荡器。LC 三端式振荡器的交流等效电路如图 3-2 所示。

根据相位平衡条件，图中构成振荡电路的三个电抗中，x_1、x_2 必须为同性质的电抗，x_3 必须为异性质的电抗，且它们之间应满足下列关系式：

$$x_3 = -(x_1 + x_2) \qquad (3-1)$$

这就是 LC 三端式振荡器相位平衡条件的判断准则。

若 x_1 和 x_2 均为容抗，x_3 为感抗，则电路为电容三端式振荡器；若 x_1 和 x_2 均为感抗，x_3 为容抗，则电路为电感三端式振荡器。

下面以电容三端式振荡器为例分析其原理。

1. 电容三端式振荡器

1）电容三端式振荡器工作原理的分析

共基电容三端式振荡器的基本电路如图 3-3 所示。图中，C_3 为耦合电容；与发射极连接的两个电抗元件为同性质的容抗元件 C_1 和 C_2；与基极连接的为两个异性质的电抗元件 C_2 和 L。根据前面所述的判别准则，该电路满足相位条件。若要它产生正弦波，还须满足振幅、起振条件，即：

$$A_0 \cdot F > 1 \qquad (3-2)$$

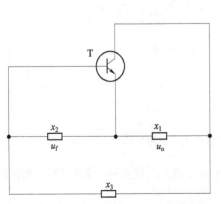

图 3-2　LC 三端式振荡器的交流等效电路

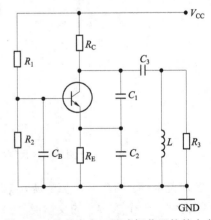

图 3-3　共基电容三端式振荡器的基本电路

式中，A_0 为电路刚起振时振荡管工作状态为小信号时的电压增益；F 是反馈系数，只要求出

A_0 和 F 值，便可知道电路有关参数与它的关系。为此，画出图 3-3 的简化 y 参数等效电路，如图 3-4 所示。设 $y_{rb} \approx 0$，$y_{ob} \approx 0$，图中，G_0 为振荡回路的损耗电导；G_L 为负载电导；G_{ib} 为输入电导。

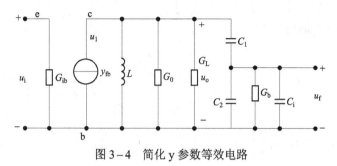

图 3-4 简化 y 参数等效电路

由图 3-4 可求出小信号电压增益 A_0 和反馈系数 F 分别为：

$$A_0 = \frac{u_o}{u_i} = \frac{-y_{fb}}{Y}, \quad F = \frac{u_f}{u_o} = \frac{Z_2}{Z_1 + jx_1}$$

式中，$Y = G_p + \dfrac{1}{jx_3} + \dfrac{1}{Z_2 + jx_1}$，$Z_2 = \dfrac{1}{G_{ib} + jx_2}$，$x_1 = -\dfrac{1}{\omega C_1}$，$x_2 = \dfrac{1}{\omega C_2'}$，$x_3 = \omega L$，$G_p = G_0 + G_L$，$C_2' = C_2 + C_i$

经运算整理，得：

$$T_0 = A_0 \cdot F = -\frac{y_{fb}}{Y} \cdot \frac{Z_2}{Z_2 + jx_1} = \frac{-y_{fb}'}{M + jN}$$

$$M = G_p + G_{ib} + \frac{x_1}{x_2} G_p + \frac{x_1}{x_3} G_{ib}, \quad N = G_{ib} G_p \cdot x_1 \frac{1}{x_2} \cdot \frac{1}{x_3} \cdot \frac{x_1}{x_2 x_3}$$

式中，y_{fb} 为正向传输导纳。

当忽略 y_{fb} 的相移时，根据自激条件应有：

$$N = 0, \quad |T_0| = \frac{y_{fb}}{\sqrt{M^2 + N^2}} = \frac{y_{fb}}{M} > 1 \qquad (3-3)$$

由 $N = 0$ 可求出起振时的振荡频率。因为

$$G_{ib} \cdot G_p \cdot x_1 - \frac{1}{x_2} - \frac{1}{x_3} - \frac{x_1}{x_2 x_3} = 0$$

所以

$$x_1 x_2 x_3 G_{ib} G_p = x_1 + x_2 + x_3$$

解出起振时的振荡频率：

$$f_g = \frac{1}{2\pi} \sqrt{\frac{1}{LC} + \frac{G_{ib} G_p}{C_1 C_2'}}$$

当晶体管参数的影响可以忽略时，可得到起振时的振荡频率近似为：

$$f_g = \frac{1}{2\pi\sqrt{LC}} \qquad (3-4)$$

式中，$C = \dfrac{C_1 C_2'}{C_1 + C_2}$ 是振荡回路的总电容。

由式（3-3）求 M，当 $G_{ib} \ll \omega C_2'$ 时，有：

$$Z_2 = \cfrac{1}{G_{ib} + \cfrac{1}{jx_2}} = \frac{1}{G_{ib} + j\omega C_2'}$$

则反馈系数可近似表示为：

$$F = \frac{u_f}{u_o} = \frac{Z_2}{Z_1 + jx_1} \approx \cfrac{\cfrac{1}{j\omega C_2'}}{\cfrac{1}{j\omega C_2'} + \cfrac{1}{j\omega C_1}} = \frac{C_1}{C_1 + C_2'} = \frac{C}{C_2'} \qquad (3-5)$$

$$M = G_p + G_{ib} + \frac{x_1}{x_2}G_p + \frac{x_1}{x_3}G_{ib} = G_{ib}\left(1 + \frac{x_1}{x_3}\right) + G_p\left(1 + \frac{x_1}{x_2}\right) = \frac{C}{C_1 + C_2'}G_{ib} + \frac{C_1 + C_2'}{C_2}G_p = F \cdot G_{ib} + \frac{1}{F}G_p$$

由式（3-3）可得到满足起振振幅条件的电路参数为：

$$y_{fb} > F \cdot G_{ib} + \frac{1}{F}G_p$$

$$(3-6)$$

此式给出了满足起振条件所需要的晶体管最小正向传输导纳值。式（3-6）也可以改写为：

$$\frac{y_{fb}}{F^2 G_{ib} + G_p}F > 1$$

上述不等式左端的 $\dfrac{y_{fb}}{F^2 G_{ib} + G_p}$ 是共基电压增益 A_0，显然 F 增大时，固然可以使 T_0 增加，但 F 过大时，由于 G_{ib} 的影响将使增益降低，反而使 T_0 减小，导致振荡器不易起振；若 F 取得较小，要保证 $T_0 > 1$，则要求 y_{fb} 很大。可见，反馈系数的取值有一合适的范围，一般取 $F = 1/8 \sim 1/2$。

2）振荡管工作状态对振荡器性能的影响

对于一个振荡器，当其负载阻抗及反馈系数 F 已经确定时，静态工作点的位置对振荡器的起振及稳定平衡状态（振幅大小，波形好坏）有着直接的影响，如图 3-4（a）、（b）所示。

图 3-5（a）中工作点偏高，振荡管工作范围容易进入饱和区，输出阻抗的降低将会使振荡波形严重失真，严重时，甚至使振荡器停振。

图 3-5（b）中工作点偏低，避免了晶体管工作范围进入饱和区，对于小功率振荡器，一般都取在靠近截止区，但是不能取得太低，否则不易起振。

一个实际的振荡电路，在 F 确定之后，其振幅的增加主要是靠提高振荡管的静态电流值。在实际中，我们将会看到输出电压幅度随着静态电流值的增加而增大。但是如果静态电流取得太大，不仅会出现图 3-5（a）所示的现象，而且由于晶体管的输入电阻变小，同样会使振荡幅度变小。所以在实用中，静态电流值一般取 $I_{CQ} = 0.5 \sim 5$ mA。

为了使小功率振荡器的效率高，振幅稳定性好，一般都采用自给偏压电路，以图 3-3 所示的电容三端式振荡器电路为例，简述自偏压的产生。固定偏压 V_B 由 R_1 和 R_2 所组成的偏置电路来决定，在忽略 I_B 对偏置电压影响的情况下，可以认为振荡管的偏置电压 U_{BE} 是由固定电压 V_B 和 R_E 上的直流电压降共同决定的，即：

$$U_{BE} = V_B - V_E = \frac{R_2}{R_1 + R_2} V_{CC} - I_E \cdot R_E$$

由于 R_e 上的直流压降是由发射极电流 I_E 建立的，而且随 I_E 的变化而变化，故称自偏压。

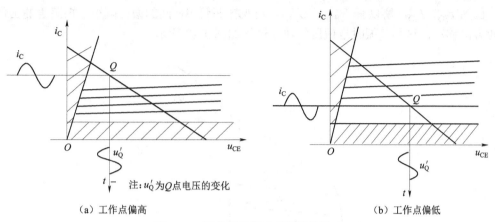

（a）工作点偏高　　　　　　　　　　　　　　　（b）工作点偏低

图 3-5　振荡管工作点对性能的影响

在振荡器起振之前，直流自偏压取决于静态电流 I_{EQ} 和 R_e 的乘积，即

$$U_{BEQ} = V_B - U_{EQ} \cdot R_e$$

一般振荡器工作点都选得很低，故起始自偏压也较小，这时起始自偏压 U_{BEQ} 为正偏置，因而易于起振，如图 3-6（a）所示。图中，C_b 上的电压是在电源接通的瞬间 V_B 对电容 C_b 充电时建立的电压；R_b 是 R_1 与 R_2 的并联等效值。

根据自激振荡原理，在起振之初，振幅迅速增大，当反馈电压 u_f 为正半周时，基极上的瞬时偏压 $u_{BE} = U_{BEQ} + u_f$ 变得更正，i_C 增大，于是电流通过振荡管向 C_e 充电，如图 3-6（b）所示。电流向 C_e 充电的时间常数 $\tau_{充} = R_D \cdot C_e$，其中 R_D 是振荡管 BE 结导通时的电阻，一般较小（几十到几百欧姆），所以 $\tau_{充}$ 较小，C_e 上的电压接近 u_f 的峰值。

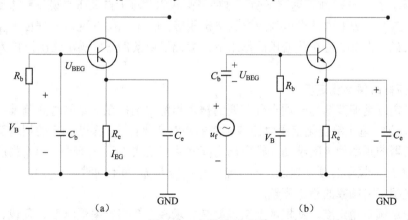

（a）　　　　　　　　　　　　　　　　（b）

图 3-6　自给偏压形成

当反馈电压 u_f 为负半周时，偏置电压减小，甚至成为截止偏压，这时，C_e 上的电荷将通过 R_e 放电，放电的时间常数 $\tau_{放} = R_e \cdot C_e$。显然 $\tau_{放} \gg \tau_{充}$，在 u_f 的一个周期内，积累电荷比释放的多，所以随着起振过程的不断增强，即在 R_e 上建立起紧跟振幅强度变化的自偏压，经若

干周期后达到动态平衡，在 C_e 上建立了一个稳定的平均电压 $I_{EO} \cdot R_e$，这时振荡管 BE 结之间的电压为：

$$U_{BEO} = V_B - I_{EO} \cdot R_e$$

因为 $I_{EO} > I_{EQ}$，所以有 $U_{BEO} < U_{BEQ}$，可见振荡管 BE 间的偏压减小，振荡管的工作点向截止方向移动。这种起振时自偏压的建立过程如图 3－7 所示。

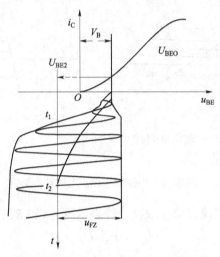

图 3－7　起振时自偏压的建立过程

由图 3－7 看出，起振之初（0～t_1 之间），振幅较小，振荡管工作在甲类状态，自偏压变化不大。随着正反馈的作用，振幅迅速增大，振荡管进入非线性工作状态，自偏压急剧增大，使 U_{BE} 变为截止偏压。振荡管的非线性工作状态反过来又限制了振幅的增大。可见，这种自偏压电路起振时，存在振幅与偏压之间相互制约、互为因果的关系。

在一般情况下，若 $R_e C_e$ 的数值选得适当，自偏压就能适时地紧跟振幅的大小而变化。如图 3－7 所示，在某一时刻 t_2 达到平衡。这种平衡状态，对于自偏压来说，意味着在反馈电压的作用下，C_e 在一周期内其充电与放电的电量相等。因此，B、E 两端的偏压 U_{BE} 保持不变；对于振幅来说，也意味着在此偏压的作用下，振幅平衡条件正好满足输出振幅为 U_{FZ} 的等幅正弦波。

3）振荡器的频率稳定度

频率稳定度是振荡器的一项十分重要的技术指标，是指在一定的时间范围内或一定的温度、湿度、电源、电压等变化范围内振荡频率的相对变化程度，振荡频率的相对变化量越小，则表明振荡器的频率稳定度越高。频率稳定度常用表达式 $\Delta f_0 / f_0$ 来表示（f_0 为所选择的测试频率；Δf_0 为振荡频率的频率误差，$\Delta f_0 = f_{02} - f_{01}$；$f_{02}$ 和 f_{01} 为不同时刻的 f_0），频率相对变化量越小，则表明振荡频率的稳定度越高。

改善振荡频率稳定度，从根本上来说就是力求减小振荡频率受温度、负载、电源等外界因素影响的程度，振荡回路是决定振荡频率的主要部件。因此改善振荡频率稳定度的最重要措施是提高振荡回路在外界因素变化时保持频率不变的能力，这就是所谓的提高振荡回路的标准性。

提高振荡回路标准性除了采用稳定性好和高 Q 值的回路电容和电感外，还可以采用与正温度系数电感作相反变化的具有负温度系数的电容，以实现温度补偿作用，或采用部分接入的方法以减小不稳定的晶体管极间电容和分布电容对振荡频率的影响。

石英晶体具有十分稳定的物理和化学特性，在谐振频率附近，晶体的等效参量 L_q 很大，C_q 很小，r_q 也不大，因此晶体 Q 值可达百万数量级，所以晶体振荡器的频率稳定度比 LC 振荡器高很多。

2. 石英晶体振荡器

LC 振荡器的频率稳定度主要取决于振荡回路的标准型和品质因素（Q 值），在采取了稳频措施后，频率稳定度一般只能达到 10^{-4} 数量级。为了得到更高的频率稳定度，人们发明了一种采用石英晶体做的振荡器（又称石英晶体振荡器），它的频率稳定度可达到 $10^{-8} \sim 10^{-7}$ 数量级。石英晶体振荡器之所以具有极高的频率稳定度，关键是采用了石英晶体这种具有高 Q 值的谐振元件。

一种晶体振荡器的交流等效电路图如图 3-8 所示。这种电路类似于电容三端式振荡器，区别仅在于其两个分压电容的抽头是经过石英谐振器接到晶体管发射极的，由此构成正反馈通路。C_3 与 C_4 并联，再与 C_2 串联，然后与 L_1 组成并联谐振回路，调谐在振荡频率。当振荡频率等于石英谐振器的串联谐振频率时，晶体呈现纯电阻，阻抗最小，正反馈最强，相移为零，满足相位条件。因此振荡器的频率稳定度主要由石英谐振器来决定。在其他频率，不能满足振荡条件。

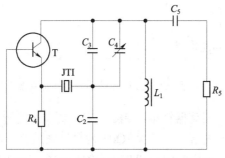

图 3-8　晶体振荡器的交流等效电路图

3.3　正弦波振荡器的实验电路

电容三端式 LC 振荡器和晶体振荡器实验电路图如图 3-9 所示。图中，左侧部分为 LC 振荡器，中间部分为晶体振荡器，右侧部分为射极跟随器。

三极管 3Q01 为 LC 振荡器的振荡管，3R01、3R02 和 3R04 为三极管 3Q01 的直流偏置电阻，以保证振荡管 3Q01 正常工作。图中，开关 3K05 拨到"S"位置时，为改进型克拉波振荡电路，拨到"P"位置时，为改进型西勒振荡电路。四位拨动开关 3SW01 控制回路电容的变化，也即控制着振荡频率的变化。调整电位器 3W01 可改变振荡器三极管 3Q01 的电源电压。

图 3-9 中，3Q03 为晶体振荡器振荡管；3W03、3R10、3R11 和 3R13 为三极管 3Q03 直流偏置电阻，以保证 3Q03 正常工作，调整 3W03 可以改变 3Q03 的静态工作点；3R12、3C20

为去耦元件，3C21 为旁路电容，并构成共基接法；3L03、3C18、3C19 构成振荡回路，其谐振频率应与晶体频率基本一致；3C17 为输出耦合电容；3TP03 为晶体振荡器测试点。该晶体振荡器的交流电路与图 3-8 基本相同。

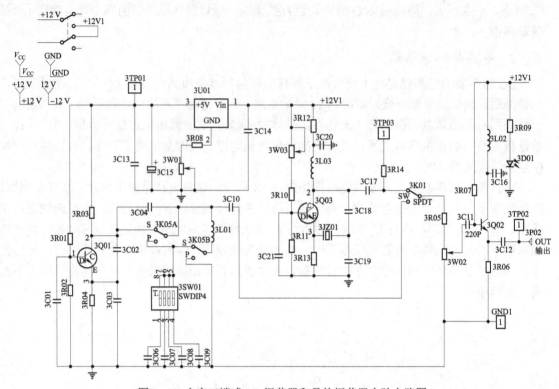

图 3-9   电容三端式 LC 振荡器和晶体振荡器实验电路图

晶体振荡器输出与 LC 振荡器输出由 3K01 来控制，开关与上方接通时，为晶振输出，与下方接通时，为 LC 振荡器输出。三极管 3Q02 为射极跟随器，以提高带负载的能力。电位器 3W02 用来调整振荡器输出电压幅度。3TP02 为输出测量点，3P02 为振荡器输出铆孔。

3.4   实验目的

（1）掌握晶体管（振荡管）工作状态、反馈大小、负载变化对振荡幅度与波形的影响。
（2）掌握改进型电容三端式正弦波振荡器的工作原理及振荡性能的测量方法。
（3）研究外界条件变化对振荡频率稳定度的影响。
（4）比较 LC 振荡器和晶体振荡器频率的稳定度，加深对晶体振荡器频率稳定度为何高的理解。

3.5   实验内容

（1）用示波器观察 LC 振荡器和晶体振荡器输出波形，测量振荡器输出电压峰—峰值 V_{P-P}，并以频率计测量振荡频率。

（2）测量 LC 振荡器的幅频特性。

（3）测量电源电压变化对振荡器的影响。

（4）观察并测量静态工作点变化对晶体振荡器工作的影响。

3.6 实 验 仪 器

（1）双踪示波器 一台

（2）万用表 一块

（3）调试工具 一套

（4）频率计 一台

（5）高频实验箱 一套

3.7 实 验 步 骤

1. 实验准备

插装好 LC 振荡器和晶体振荡器模块，接通实验箱电源，按下模块上电源开关，此时模块上电源指示灯点亮。

2. LC 振荡实验

（为防止晶体振荡器对 LC 振荡器的影响，应使晶振停振，即将 3W03 顺时针调到底）

1）西勒振荡电路幅频特性的测量

将开关 3K01 拨至 LC 振荡器，示波器接 3TP02，频率计接振荡器输出口 3P02。调整电位器 3W02，使输出电压最大。将开关 3K05 拨至"P"，此时振荡电路为西勒振荡电路。四位拨动开关 3SW01 分别控制 3C06（10P）、3C07（50P）、3C08（100P）、3C09（200P）是否接入电路，开关往上拨为接通，往下拨为断开。四个开关接通的不同组合可以控制电容的变化。例如，开关"1"、"2"往上拨，其接入电路的电容为：$10 + 50 = 60$（pF）。按照表 3 – 1 电容的变化测出与电容相对应的振荡频率和输出电压（峰—峰值 V_{P-P}），并将测量结果记入表 3 – 1。

表 3 – 1 实验测试数据（一）

电容 C / pF	10	50	100	150	200	250	300	350
振荡频率 f / MHz								
输出电压 V_{P-P} / V								

根据所测数据，分析振荡频率与电容变化有何关系，输出电压幅度与振荡频率有何关系，并画出振荡频率与输出电压幅度的关系曲线。

注：如果在开关转换过程中使振荡器停振无输出，可调整 3W01，使之恢复振荡。

2）克拉泼振荡电路幅频特性的测量

将开关 3K05 拨至"S"，振荡电路转换为克拉泼振荡电路。按照上述 1）的测量方法，测出振荡频率和输出电压，并将测量结果记入表 3–1。

根据所测数据，分析振荡频率与电容变化有何关系，输出电压幅度与振荡频率有何关系，并画出振荡频率与输出幅度的关系曲线。

3）测量电源电压变化对振荡器频率的影响

分别将开关 3K05 拨至"S"和"P"位置，改变电源电压 E_c，测出不同 E_c 下的振荡频率。并将测量结果记入表 3–2。

其方法是：频率计接振荡器输出 3P01，调整电位器 3W02 使输出电压最大，用示波器监测，测好后去掉。选定回路电容为 100 pF。即 3SW01"3"往上拨。用三用表直流电压挡测 3TP01 测量点电压，按照表 3–2 给出的电压值 E_c，调整 3W01 电位器，分别测出与电压相对应的频率记入表 3–2。表中 Δf 为改变 E_c 时振荡频率的偏移，假定 $E_c = 10.5$ V 时，$\Delta f = 0$，则 $\Delta f = f - f_{10.5\,V}$。

表 3–2 实验测试数据（二）

串联（S）	E_c / V	10.5	9.5	8.5	7.5	6.5	5.5
	F / MHz						
	Δf / kHz						
并联（P）	E_c / V	10.5	9.5	8.5	7.5	6.5	5.5
	F / MHz						
	Δf / kHz						

根据所测数据，分析电源电压变化对振荡频率有何影响。

3. 晶体振荡器实验

（1）将开关 3K01 拨至"晶体振荡器"，将示波器探头接到 3TP02 端，观察晶体振荡器波形，如果没有波形，应调整 3W03 电位器。然后用频率计测量其输出端频率，看是否与晶体频率一致。

（2）示波器接 3TP02 端，频率计接 3P02 输出铆孔，调节 3W03 以改变晶体管静态工作点，观察振荡波形及振荡频率有无变化。

3.8 实验报告

（1）根据测试数据，分别绘制西勒振荡器、克拉泼振荡器的幅频特性曲线，并进行分析比较。

（2）根据测试数据，计算频率稳定度，分别绘制克拉泼振荡器、西勒振荡器的 $\dfrac{\Delta f}{f_0} - E_c$ 曲线。

（3）根据实验，分析静态工作点对晶体振荡器工作的影响。

（4）总结由本实验所获得的体会。

3.9 知识要点与思考题

 知识要点

（1）反馈型正弦波振荡器主要由决定振荡频率的选频网络和维持振荡的正反馈放大器组成，按照选频网络所采用元件的不同，正弦波振荡器可分为 LC 振荡器、RC 振荡器和晶体振荡器等类型。

（2）反馈振荡器要正常工作必须满足起振条件、平衡条件、平衡稳定条件。每个条件中都包含振幅和相位两个方面的要求。

（3）反馈型 LC 振荡器主要有互感耦合振荡器、电感反馈式三端振荡器、电容反馈三端式振荡器、改进型电容三端振荡器。本章重点分析了电容三端式振荡器电路的形式、特点、起振条件、反馈系数和振荡频率。克拉泼电路和西勒电路是两种较适用的改进型电容三端电路，前者适用于固定频率振荡器，后者可作波段振荡器。

（4）LC 三端式振荡器相位平衡条件的判断准则为 x_{be}、x_{ce} 电抗性质相同，x_{cb} 与 x_{be}、x_{ce} 电抗性质相反，LC 三端电路只有满足判断准则才能起振。

 思考题

（1）反馈振荡器的平衡、起振和稳定条件是什么？

（2）晶体管三点式振荡器的基本组成原则是什么？如何计算振荡器的环路增益和振荡频率？

（3）如何提高振荡器的频率稳定性？

（4）克拉波、米勒、西勒、皮尔斯振荡器的特点是什么？

实验 4　中频放大器

4.1　中频放大器的基本工作原理

中频放大器位于混频之后、检波之前，是专门对固定中频信号进行放大的，中频放大器和高频放大器都是谐振放大器，它们有许多共同点，由于中频放大器的工作频率是固定的，而且频率一般都较低，因而有其特殊之处。

1. 中频放大器的作用

（1）进一步放大信号。接收机的增益主要是中频放大器的增益。由于中频放大器工作频率较低，因而容易获得较高而又稳定的增益。

（2）进一步选择信号，抑制邻道干扰。接收机的选择性主要由中频放大器的选择性来保证，因为高频放大器及输入回路工作频率较高，因而通带较宽，中频放大器工作频率较低，且为固定，因而可采用较复杂的谐振回路或带通滤波器，将通带做的较窄，使谐振曲线接近于理想矩形，所以中频放大器的选择性好，对邻道干扰有较强的抑制。

2. 对中频放大器的要求

（1）增益要高，一般都采用多级中频放大器。

（2）工作要稳定，不允许出现自激。

（3）选择性要好，对有用信号应能不失真地通过，对无用信号和干扰应有很好的抑制。

3. 中频放大器的分类及工作过程

中频放大器按照负载回路的构成可分为单调谐中频放大器和双调谐中频放大器，按照三极管的接法可分为共发射极、共基极和共集电极等中频放大器。

中频放大器的工作过程与高频放大器相同，它们都是小信号放大器，工作在甲类（A 类）状态，它们都采用谐振回路作负载，这里不再重复。

4.2　中频放大器的实验电路

中频放大器实验电路原理图如图 4－1 所示。从图可看出，本实验电路采用两级中频放大器，而且都是共发放大，这样可以获得较大的增益。图中，7P01 为中频信号输入铆孔，7TP01 为输入信号测试点；7L01、7C04 和 7L02、7C08 分别为第一级和第二级的谐振回路，其谐振频率为 2.5 MHz；7W02 用来调整中频放大输出电压幅度；7P02 为中频输出铆孔，7TP02 为输出测量点，7P03 为自动增益控制（AGC）连接孔。

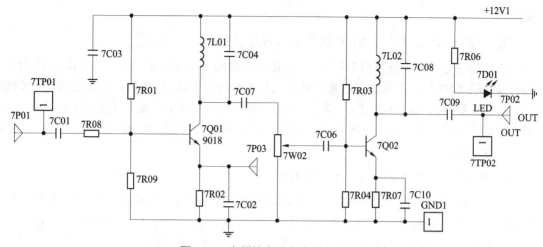

图 4-1 中频放大器实验电路原理图

4.3 实 验 目 的

（1）熟悉电子元器件和高频电子线路实验系统。
（2）了解中频放大器的作用、要求及工作原理。
（3）掌握中频放大器的测试方法。

4.4 实 验 内 容

（1）用示波器观察中频放大器输入、输出信号波形，并计算其放大倍数。
（2）用点测法测出中频放大器幅频特性，并画出幅频特性曲线，计算出中频放大器的通频带。

4.5 实 验 器 材

（1）双踪示波器 一台
（2）万用表 一块
（3）调试工具 一套
（4）频率计 一台
（5）高频实验箱 一套

4.6 实 验 步 骤

1. 实验准备

将中频放大器模块插入实验箱主板上，按下电源开关 7K01，电源指示灯点亮，即可开始实验。

2. 中频放大器输入、输出信号波形观察及放大倍数测量

将高频信号源频率设置为 2.5 MHz，电压峰—峰值 $V_{p-p} = 150\ mV$，其输出送入中频放大器的输入端（7P01），用示波器测量中频放大器的输出（7TP02）波形，微调高频信号源频率使中频放大器输出电压幅度最大。调整 7W02，使中频放大器输出电压幅度最大且不失真，并记下此时的幅度大小，然后再测量中频放大器此时的输入电压幅度，即可算出中频放大器的电压放大倍数。

3. 测量中频放大器的幅频特性曲线

保持上述状态不变，按照表 4-1 改变高频信号源的频率（用频率计测量），保持高频信号源输出电压幅度为 150 mV（示波器 CHI 监视），从示波器 CH2（接 7TP02）上读出与频率相对应的幅值，并把数据填入表 4-1，然后以横轴为频率，纵轴为幅度，按照表 4-1 的数据画出中频放大器的幅频特性曲线。并从曲线上算出中频放大器的通频带（幅度最大值下降到其 0.707 倍时所对应的频率范围为通频带）。

表 4-1　实验测试数据

频率/MHz	1.3	1.5	1.7	1.9	2.1	2.3	2.5	2.7	2.9	3.1	3.3	3.5	3.7
输出电压幅度 U_o/mV													

4. 输入信号为调幅波的观察

在上述状态下，将输入信号设置为调幅波，其载波为 2.5 MHz。用示波器观察中频放大器的输出（7TP02）波形是否为调幅波。

4.7　实　验　报　告

（1）根据实验数据计算出中频放大器的放大倍数。
（2）根据实验数据绘制中频放大器幅频特性曲线，并算出通频带。
（3）总结本实验所获得的体会。

4.8　宽带中频放大电路设计（扩展篇）

1. 概述

中频放大电路是超外差接收设备的重要部件，其性能在很大程度上决定了整机的技术指标。在通信系统中，处于前端的前置低噪声放大器和混频之后的中频放大器需要采用宽频带放大器进行小信号放大。宽频带放大电路是由晶体管、场效应管或集成电路提供电压增益的，既要有较大的电压增益，又要有很宽的通频带，增益带宽积越大，宽频带放大器的性能越好。为了展宽工作频带，不但要求有源器件的高频性能好，而且在电路结构上采取了一些改进措施。

本设计从通频带、中频电压放大倍数、上冲量、平顶下降量等方面介绍了宽带中频放大

电路，并对中心频率、通频带、总增益等参数进行了分析，通过对调幅调频电路的分析与理解，很好地实现了中频信号处理电路对中频信号进行放大、获得足够的增益、吸收邻近的特殊干扰、提供自动增益控制信号的目的。

在电子技术领域内，中频放大电路是超外差接收设备的重要部件，其性能在很大程度上决定了整机的技术指标。同时，中频放大器的前级接混频电路或高频放大电路，后级接解调电路，由此建立两个频段间的信号变换与阻抗匹配，这有重要的理论价值与实践意义。接收信号的频谱是很宽的，放大器很难做到在很宽的频带内一致性很好、增益平坦，所以通常的做法是将接收到的信号变频到一个固定的频点上（通常叫做中频），然后放大，这样就带来诸多好处，如选择性更好、增益也好控制。在接收机中，由于中频频率较低，且频率固定不变，可以很容易地得到较高的增益，为下一级提供足够大的输入，所以中频放大电路的应用广泛。但是，无线电信号强弱差异很大，中频放大器本身也有一定的动态范围，输入信号增大时会出现失真，因此常采用 AGC 电路自动调节中频放大器的增益，使中频放大器输出信号电平基本保持不变。

超外差收音机把接收到的电台信号与本地振荡信号同时送入变频管进行混频，并始终保持本地振荡频率比外来信号频率高 465 kHz，通过选频电路取两个信号的"差频"进行中频放大。因此，在接收波段范围内信号放大量均匀一致，同时，超外差收音机还具有灵敏度高、选择性好等优点，其框图如图 4-2 所示。

图 4-2　超外差收音机框图

由图 4-2 可知，输入回路将从天线接收来的众多无线电高频调幅信号中选出所需接收的电台信号，将它送到混频管，本地振荡产生的始终比欲接收的外来信号高 465 kHz 的等幅振荡信号也被送入混频管。利用晶体管的非线性作用，混频后产生这两种信号的"基频"、"和频"、"差频"。其中差频为 465 kHz，由选频回路选出这个 465 kHz 的中频信号，将其送入中频放大器进行放大，经放大后的中频信号再送入检波器检波，还原成音频信号，音频信号再经前置低频放大和功率放大送到扬声器，由扬声器还原成声音。

2. 设计过程

1）宽频放大器的主要性能指标

（1）通频带 Δf：由定义知 $\Delta f = f_H - f_L$，通常下限频率 $f_L \approx 0$，$\Delta f \approx f_{H0}$，因此放大器通频带的扩展是设法增大上限频率 f_H 数值。

（2）中频电压放大倍数 K_0：是指中频段的输出电压 u_o 与输入电压 u_i 之比，即增益。

（3）增益与带宽乘积 $K_0\Delta f$ 存在矛盾，即增大 Δf 就会减小 K_0，反之则相反，所以要用二者之积才能更全面地衡量放大器的质量。$K_0\Delta f$ 越大，则宽频放大器的性能就越好。

（4）上升时间 t_s：是指脉冲幅度从 10% 上升至 90% 所需的时间，放大器的高频特性越好，

则上升时间 t_s 越小。

（5）下降时间 t_f：是指脉冲幅度从 90%下降至 10%所需的时间。

（6）上冲量 δ：是指超过脉冲幅度的百分数。

（7）平顶下降量 Δ：是指脉冲持续期内，顶部下降的百分数。放大器低频特性越好，平顶下降量越小。

2）扩展通频带的方法和电路

通常使用扩展频带的方法有三种：① 负反馈法，在电路中引入负反馈，并使负反馈量在高频时比低频时小，以补偿高频时输出电压减小的损失，这种方法是在不损坏失低频增益下进行补偿，但它的幅频特性却并不平坦，使输出脉冲波出现上冲；② 电感串并联补偿法，在晶体管集电极上接入电感，与放大器输出端等效电容组成 LC 并联回路，可以提高频放大器大器的上限截止频率；③ 利用各种接地电路的特点进行电路组合，以扩展放大器的通频带，下面介绍扩展带的电路。

（1）电压并联负反馈电路。

电压并联负反馈电路如图 4-3 所示。这种电路主要起到补偿晶体管集—基结电容 C_e、输出电容 C_o 及电流放大倍数 β 随频率升高而引起放大器增益下降的作用，因为低频时 C_o 的容抗较小，使 u_o 减小，所以，负反馈量也减小，使高、低频放大倍数基本一致，若 R_F 取值与 C_e 在高频时容抗相当，则 C_e 只能在高频上起作用，把上限频率扩展。

（2）电流串联负反馈电路。

电流串联负反馈电路如图 4-4 所示。这种电路只能补偿因 β 减小而造成的损失，但不能补偿 C_o 的作用，只适用于分布电容小的场合。因为负返馈量取决于 R_e，低频时 β 大，所以 I_e 也大，引入负反馈也较大，而高频时，由于 β 变小，I_e 减小使负反馈量也减小，从而补偿了因 β 变小而使增益下降的损失。

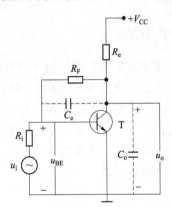

图 4-3 电压并联负反馈电路

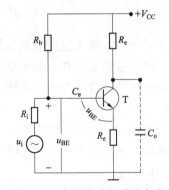

图 4-4 电流串联负反馈电路

（3）电抗元件补偿电路。

电抗元件补偿电路如图 4-5 所示。图中 C_e 约为几皮法至几十皮法，低频时其容抗很大，由 R_e 引入较大的负反馈量，高频时 C_e 容抗变小，使发射极的反馈总阻抗变小，相应的高频负反馈减弱。这就更有效地补偿了 β 的下降，最佳补偿条件为：$R_e C_e = 0.35/\Delta f$。通过调整 $R_e C_e$ 数值，可以同时起到补偿 β 变小及 C_o 的作用，当 $C_o R_e$ 较小时，按最佳条件选 $R_e C_e$ 即可；当 C_o 较大时，应由 C_e 调整确定。

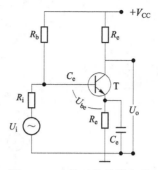

图 4-5　电抗元件补偿电路

（4）并联电感补偿电路。

并联电感补偿电路如图 4-6 所示。从交流观点来看，L 与输出负载并联，故称为并联电感补偿。由 L 与（$C_o + C_L$）组成回路，高频时产生谐振。由于谐振阻抗大，故起到补偿 β 变小并使放大倍数减小的作用，通常按下式选择电感：

$$L = 0.4R_L(C_L + C_o)$$

（5）串联电感补偿电路。

串联电感补偿电路如图 4-7 所示。图中，L 与 R_L 串联，故称为电感串联补偿；L 与 C_e 及 C_L 组成谐振回路，补偿效果不如并联电感补偿法好。

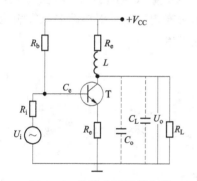

图 4-6　并联电感补偿电路

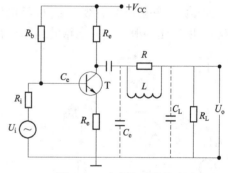

图 4-7　串联电感补偿电路

（6）串、并联电感补偿电路。

串、并联电感补偿电路如图 4-8 所示。图中，C_1、C_2、C_3 分别为晶体管集电极电容及电路输出端的分布电容，电感 L_1 和 L_2 可以由下式选择：

$$L_1 = [1/2 + (C_1/C_2)]L_2, \quad L_2 = [(1/2) + (C_3/C_2)]L_0, \quad L_0 = R_C/2\pi\Delta f$$

由于 L_1、L_2 有两次谐振机会，因此使通频带有较大的扩展。

（7）电容和电感的混合补偿电路。

电容和电感的混合补偿电路如图 4-9 所示。这种电路由 T_1 和 T_2 两级组成，其中 T_2 的集—基之间由 R_F 和 L_F 实现并联电压负反馈。高频时 L_F 的感抗增大使负反馈量减小，从而补偿了高频时输出电感量的下降。这种电路的输入、输出阻抗很低，故能承受较大的容性负载，使频宽大大扩展。T_1 和 T_2 实现电容的补偿。由于 T_2 输入阻抗小，T_1 集电极交流负载减小，使 T_1 输入电容也减小，所以 T_1 放大级频率响应更好。

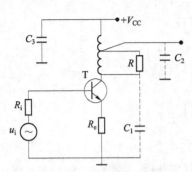

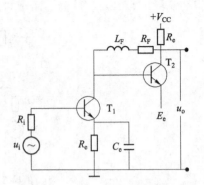

图 4-8　串、并联电感补偿电路　　　　　图 4-9　电容和电感的混合补偿电路

（8）共射、共集组合电路。

共射、共集组合电路如图 4-10 所示。图中 T_2 是共集电路，具有输入阻抗高、输入电容小的优点，它接于 T_1 共射电路后面，可以减轻后级输入电容对前级的影响。与共射—共射电路相比，它具有更好的频率响应特性。又由于共集电路输出阻抗低，可以承受较重的负载，输出电容对频率响应特性的影响小，还有共集电路本身的频率特性较好，所以共射—共集电路的频率响应基本上取决于共射电路，这种电路适用于放大器的末级。

（9）共射、共基组合电路。

共射、共基电路如图 4-11 所示。图中 T_2 共基电路的输入阻抗小，一般在几欧至十几欧范围，它作为 T_1 共射电路后级，当 T_1 集电极存在有分布电容时，对电路的频率响应特性的影响较小，所以比共射—共射电路的通频带有较大的扩展。

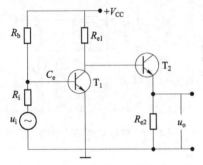

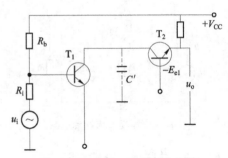

图 4-10　共射、共集组合电路　　　　　图 4-11　共射、共基组合电路

这种电路总的带宽增益不及共射—共集电路，但共射—共基电路应用在多级电路中，不易产生寄生振荡，适用于较高频的宽带放大器。

3. 谐振放大器电路

谐振放大器的主要性能指标是电压增益、通频带和矩形系数。最简单的单管调谐放大电路如图 4-12 所示。图中，C_b 与 C_c 分别是和信号源（或前级放大器）与负载（或后级放大器）的耦合电容；C_e 是旁路电容。电容 C 与电感 L 组成的并联谐振回路作为晶体管的集电极负载，其谐振频率应调谐在输入有用信号的中心频率上。回路与本级晶体管的耦合采用自耦变压器耦合方式，这样可减弱晶体管输出导纳对回路的影响。负载（或下级放大器）与回路的耦合采用自耦变压器耦合和电容耦合方式，这样，既可减弱负载（或下级放大器）导纳对回路的影响，又可使前、后级的直流供电电路分开。另外，采用上述耦合方式也比较容易实现前、后级之间的阻抗匹配。

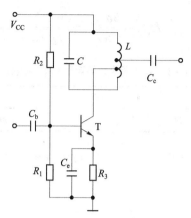

图 4-12 单管单调谐放大电路

为了分析单管单调谐放大器的电压增益，图 4-13 给出了其等效电路。在单管单调谐放大器中，选频功能由单个并联谐振回路完成，所以单管单调谐放大器的矩形系数与单个并联谐振回路的矩形系数相同，其通频带则由于受晶体管输出阻抗和负载的影响，比单个并联谐振回路加宽，因为有载 Q 值小于空载 Q 值。

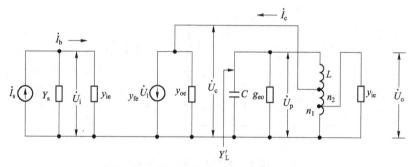

图 4-13 单管单调谐放大器的等效电路

从对单管单调谐放大器的分析可知，其电压增益取决于晶体管参数、回路与负载特性及接入系数等，所以受到一定的限制。如果要进一步增大电压增益，可采用多级放大器。

4. 多级单调谐放大器

如果多级放大器中的每一级都调谐在同一频率上，则称为多级单调谐放大器。n 级放大器通频带为：

$$B\omega_n = 2\Delta f_{0.7} = \sqrt{2^{1/n}-1}\frac{f_0}{Q_0} = \sqrt{2^{1/n}-1}B\omega_{0.7}$$

由上式可知，n 级相同的单调谐放大器的总增益比单级放大器的增益提高了，而通频带比单级放大器的通频带缩小了，且级数越多，频带越窄。例如，多级放大器的频带确定以后，级数越多，则要求其中每一级放大器的频带越宽。所以，增益和通频带的矛盾是一个严重的问题，特别是对于要求高增益宽频带的放大器来说，这个问题更为突出。这一特性与低频多级放大器相同。之后在总体电路中我们将用到此种原理。

n 级单调谐放大器的矩形系数为：

$$K_{v0.1} = \frac{B\omega_{n0.1}}{B\omega_n} = \frac{\sqrt{100^{1/n}-1}}{\sqrt{2^{1/n}-1}}$$

表 4-2　单调谐放大器矩形系数与级数的关系

级数 n	1	2	3	4	5	6	7	8	9	10	
矩形系数 $K_{v0.1}$	9.95	4.90	3.74	3.40	3.20	3.10	3.00	2.93	2.89	2.85	2.56

从表 4-2 中可以看出，当级数 n 增加时，放大器矩形系数有所改善，但这种改善是有一定限度的，最小不会低于 2.56。

5. 中和电路

为了使通过 C_N 的外部电流和通过 $C_{b'c}$ 的内部反馈电流相位相差180°，从而能互相抵消，通常在晶体管输出端添加一个反相的耦合变压器。

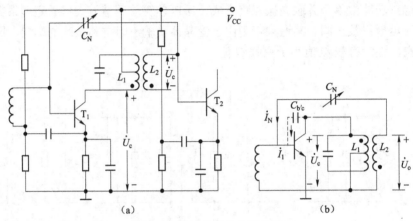

图 4-14　放大器的中和电路

由于 y_{re} 是随频率而变化的，所以固定的中和电容 C_N 只能在某一个频率点起到完全中和的作用，对其他频率只能有部分中和作用，又因为 y_{re} 是一个复数，中和电路应该是一个由电阻和电容组成的电路，但这给调试增加了困难。另外，如果再考虑到分布参数的作用和温度变化等因素的影响，则中和电路的效果很有限。

实验 5　振 幅 调 制

5.1　概　述

根据电磁波理论知道，只有频率较高的电磁振荡信号才能被天线有效地辐射。但是人的讲话声音变换为相应的电信号的频率较低，不适于直接从天线上辐射。因此，为了传递信息，就必须将要传递的信息加载到高频振荡信号上去。这一加载过程称为调制。调制后的高频振荡信号称为已调波，未调制的高频振荡信号称为载波。需要"传送"信息的电信号称为调制信号。

调制过程是用被传递的低频信号去控制高频振荡信号，使高频输出信号的参数（幅度、频率、相位）相应于低频信号变化而变化，从而实现低频信号搬移到高频段，被高频信号携带传播的目的。完成调制过程的装置叫调制器。

调制器和解调器必须由非线性元件构成，它们可以是二极管或三极管。近年来集成电路在模拟通信中得到了广泛应用，调制器、解调器都可以用模拟乘法器来实现。

5.2　振荡调制的基本工作原理

1. 振幅调制和调幅波

振幅调制就是用低频调制信号去控制高频载波信号的振幅，使载波的振幅随调制信号成正比地变化。经过振幅调制的高频载波称为振幅调制波（简称调幅波）。调幅波有普通调幅波（AM）、抑制载波的双边带调幅波（DSB）和抑制载波的单边带调幅波（SSB）三种。

1）普通调幅波（AM）

设调制信号为单一频率的余弦波：

$$u_{\Omega}(t) = U_{\Omega m} \cos \Omega t = U_{\Omega m} \cos 2\pi F t \qquad (5-1)$$

载波信号为：

$$u_{c}(t) = U_{cm} \cos \omega_{c} t = U_{cm} \cos 2\pi f_{c} t \qquad (5-2)$$

为了简化分析，设二者波形的初相角均为零，因为调幅波的振幅和调制信号成正比，由此可得调幅波的振幅为：

$$
\begin{aligned}
U_{AM}(t) &= U_{cm} + k_{a} U_{\Omega m} \cos \Omega t \\
&= U_{cm}\left(1 + k_{a}\frac{U_{\Omega m}}{U_{cm}}\cos \Omega t\right) \\
&= U_{cm}\left(1 + m_{a}\cos \Omega t\right)
\end{aligned}
\qquad (5-3)
$$

式中， $m_a = k_a \dfrac{U_{\Omega m}}{U_{cm}}$ ，称为调幅指数或调幅度，它表示载波振幅受调制信号控制程度； k_a 为由调制电路决定的比例常数。由于实现振幅调制后载波频率保持不变，因此已调波的表示式为：

$$u_{AM}(t) = U_{AM}(t)\cos\omega_c t = U_{cm}(1 + m_a\cos\Omega t)\cos\omega_c t \qquad (5-4)$$

可见，调幅波也是一个高频振荡信号，而它的振幅变化规律（即包络变化）是与调制信号完全一致的，因此调幅波携带着原调制信号的信息。由于调幅指数 m_a 与调制电压的振幅成正比，即 $U_{\Omega m}$ 越大， m_a 越大，调幅波幅度变化越大， m_a 小于或等于 1。如果 $m_a > 1$ ，调幅波产生失真，这种情况称为过调幅，在实际工作中应该避免产生过调幅。调幅波的波形如图 5−1所示。

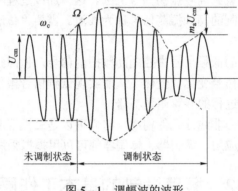

图 5−1　调幅波的波形

2）调幅波的频谱

由式（5−4）展开，得：

$$u_{AM}(t) = U_{cm}\cos\omega_c t + \frac{1}{2}m_a U_{cm}\cos(\omega_c + \Omega)t + \frac{1}{2}m_a U_{cm}\cos(\omega_c - \Omega)t \qquad (5-5)$$

可见，用单音频信号调制后的已调波由三个高频分量组成，除角频率为 ω_c 的载波以外，还有 $(\omega_c + \Omega)$ 和 $(\omega_c - \Omega)$ 两个新的角频率分量。其中，一个比 ω_c 高，称为上边频分量；一个比 ω_c 低，称为下边频分量。载波频率分量的振幅仍为 U_{cm} ，而两个边频分量的振幅均为 $\dfrac{1}{2}m_a U_{cm}$ 。

因为 m_a 的最大值只能等于 1，所以边频振幅的最大值不能超过 $\dfrac{1}{2}U_{cm}$ ，将这三个频率分量用图画出，便可得到图 5−2 所示的频谱图。在这个图上，调幅波的每一个正弦分量用一个线段表示，线段的长度代表其幅度，线段在横轴上的位置代表其频率。

由以上分析表明，调幅的过程就是在频谱上将低频调制信号搬移到高频载波分量两侧的过程。

显然，在调幅波中，载波并不含有任何有用信息，要传送的信息只包含于边频分量中。边频的振幅反映了调制信号幅度的大小，边频的频谱虽属于高频范畴，但反映了调制信号频率的高低。

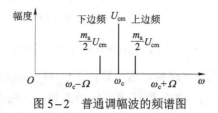

图 5-2　普通调幅波的频谱图

由图 5-2 可见,在单频调制时,其调幅波的频带宽度为调制信号频谱的两倍,即 BW=2F。实际上调制信号不是单一频率的正弦波,而是包含若干频率分量的复杂波形(例如,实际的语音信号就很复杂),在多频调制时,如由若干个不同频率 Ω_1,Ω_2,…,Ω_k 的信号所调制,其调幅波方程为:

$$u_{AM}(t) = U_{cm}(1 + m_{a1}\cos\Omega_1 t + m_{a2}\cos\Omega_2 t + \cdots)\cos\omega_c t$$

相乘展开后,得:

$$u_{AM}(t) = U_{cm}\cos\omega_c t + \frac{m_{a1}}{2}U_{cm}\cos(\omega_c+\Omega_1)t + \frac{m_{a1}}{2}U_{cm}\cos(\omega_c-\Omega_1)t +$$

$$\frac{m_{a2}}{2}U_{cm}\cos(\omega_c+\Omega_2)t + \frac{m_{a2}}{2}U_{cm}\cos(\omega_c-\Omega_2)t + \cdots + \qquad(5-6)$$

$$\frac{m_{ak}}{2}U_{cm}\cos(\omega_c+\Omega_k)t + \frac{m_{ak}}{2}U_{cm}\cos(\omega_c-\Omega_k)t$$

相应的,其调幅波含有一个载频分量及一系列的高低边频分量 $(\omega_c\pm\Omega_1)$,$(\omega_c\pm\Omega_2)$,…,$(\omega_c\pm\Omega_k)$ 等。多频调制调幅波的频谱图如图 5-3 所示。由此可以看出,一个调幅波实际上是占有某一个频率范围,这个范围称为频带。总的频带宽度为最高调制频率的两倍,即 $B=2F_{max}$,这个结论很重要。因为在接收和发送调幅波的通信设备中,所有选频网络应当不但能通过载频,而且还要能通过边频成分。如果选频网络的通频带太窄,将导致调幅波的失真。

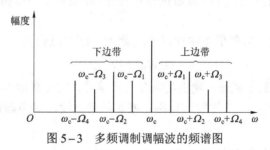

图 5-3　多频调制调幅波的频谱图

调制后调制信号的频谱被线性地搬移到载频的两边,成为调幅波上、下边带。所以,调幅的过程实质上是一种频谱搬移的过程。

2. 抑制载波双边带调幅(DSB)

由于载波不携带信息,因此,为了节省发射功率,可以只发射含有信息的上、下两个边带,而不发射载波,这种调制方式称为抑制载波的双边带调幅,简称双边带调幅,用 DSB 表示。可将调制信号 $u_\Omega(t)$ 和载波信号 $u_c(t)$ 直接加到乘法器或平衡调幅器电路得到。双边带调幅信号写为:

$$u_{\mathrm{DSB}}(t) = Au_{\Omega}(t)u_{\mathrm{c}}(t) = AU_{\Omega \mathrm{m}}\cos\Omega t U_{\mathrm{cm}}\cos\omega_{\mathrm{c}}t$$

$$= \frac{1}{2}AU_{\Omega \mathrm{m}}U_{\mathrm{cm}}[\cos(\omega_{\mathrm{c}}+\Omega)t + \cos(\omega_{\mathrm{c}}-\Omega)t] \qquad (5-7)$$

式（5-7）中，A 为由调幅电路决定的系数；$AU_{\Omega \mathrm{m}}U_{\mathrm{cm}}\cos\Omega t$ 是双边带高频信号的振幅，它与调制信号成正比。高频信号的振幅按调制信号的规律变化，不是在 U_{cm} 的基础上，而是在零值的基础上变化，可正可负。因此，当调制信号从正半周进入负半周的瞬间（即调幅包络线过零点时），相应高频振荡的相位发生 180° 的突变。双边带调幅的调制信号、调幅波如图 5-4 所示。由图可见，双边带调幅波的包络已不再反映调制信号的变化规律。

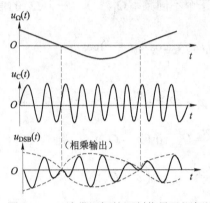

图 5-4　双边带调幅的调制信号及调幅波

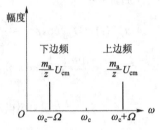

图 5-5　DSB 的频谱图

由以上讨论可以看出 DSB 调制信号有如下特点。

（1）DSB 信号的幅值仍随调制信号而变化，但与普通调幅波不同，DSB 的包络不再反映调制信号的形状，仍保持调幅波频谱搬移的特征。

（2）在调制信号的正负半周，载波的相位反相，即高频振荡的相位在 $f(t)=0$ 瞬间有 180° 的突变。

（3）对 DSB 调制，信号仍集中在载频 ω_{c} 附近，所占频带为：

$$\mathrm{BW}_{\mathrm{DSB}} = 2F_{\max}$$

由于 DSB 调制抑制了载波，输出功率是有用信号，它比普通调幅经济，但在频带利用率上没有什么改进。为进一步节省发送功率，减小频带宽度，提高频带利用率，下面介绍单边带传输方式。

3. 抑制载波单边带调幅（SSB）

进一步观察双边带调幅波的频谱结构发现，上边带和下边带都反映了调制信号的频谱结构，因而它们都含有调制信号的全部信息。从传输信息的观点来看，可以进一步把其中的一个边带抑制掉，只保留一个边带（上边带或下边带）。无疑这不仅可以进一步节省发射功率，而且频带的宽度也缩小了一半，这对于波道特别拥挤的短波通信是很有利的。这种既抑制载波又只传送一个边带的调制方式，称为单边带调幅，用 SSB 表示。

获得单边带信号常用的方法有滤波法和移相法，现简述采用滤波法实现 SSB 信号。

调制信号 $u_{\Omega}(t)$ 和 $u_{\mathrm{c}}(t)$ 经乘法器（或平衡调幅器）获得抑制载波的 DSB 信号，再通过带通滤波器滤除 DSB 信号中的一个边带（上边带或下边带），便可获得 SSB 信号。当边带滤波器的通带位于载频以上时，提取上边带，否则提取下边带。

由此可见，滤波法的关键是高频带通滤波器，它必须具备这样的特性：对于要求滤除的边带信号应有很强的抑制能力，而对于要求保留的边带信号应使其不失真地通过。这就要求滤波器在载频处具有非常陡峭的滤波特性。用滤波法实现单边带调幅信号的数学模型如图 5–6 所示。

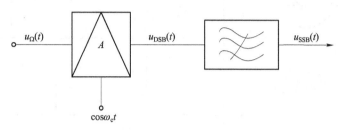

图 5–6　用滤波法实现单边带调幅信号的数学模型

由式（5–7）可知，双边带信号为：

$$u_{DSB}(t) = Au_\Omega(t)u_c(t) = AU_{\Omega m}\cos\Omega t U_{cm}\cos\omega_c t = \frac{1}{2}Au_{\Omega m}U_{cm}[\cos(\omega_c + \Omega)t + \cos(\omega_c - \Omega)t]$$

通过边带滤波器后，就可得到上边带或下边带信号：

上边带信号

$$u_{SSBH}(t) = \frac{1}{2}AU_{\Omega m}U_{cm}\cos(\omega_c + \Omega)t$$

下边带信号

$$u_{SSBL}(t) = \frac{1}{2}AU_{\Omega m}U_{cm}\cos(\omega_c - \Omega)t$$

从以上两式看出，SSB 信号的振幅与调制信号振幅 $U_{\Omega m}$ 成正比。它的频率随调制信号的频率不同而不同。

表 5–1 列出了在单音频信号调制下三种已调信号的时域波形图及频域波形图，以及多音信号调制下三种已调信号的频谱示意图。

1）普通调幅波的产生电路

在无线电发射机中，振幅调制的方法按功率电平的高低分为高电平调制电路和低电平调制电路两大类。前者是在发射机的最后一级直接产生达到输出功率要求的已调波，后者多在发射机的前级产生小功率的已调波，再经过线性功率放大器放大，达到所需的发射功率电平。

普通调幅波的产生多用高电平调制电路。它的优点是不需要采用效率低的线性放大器，有利于提高整机效率。但它必须兼顾输出功率、效率和调制线性的要求。低电平调制电路的优点是调幅器的功率小、电路简单。由于它输出功率小，常用在双边带调制和低电平输出系统。低电平调幅电路可采用集成高频放大器产生调幅波，也可利用模拟乘法器产生调幅波。

下面介绍一种高电平调幅电路。高电平调幅电路是以调谐功率放大器为基础构成的，实际上它是一个输出电压振幅受调制信号控制的调谐功率放大器，根据调制信号注入调幅器方式的不同，分为基极调幅、发射极调幅和集电极调幅三种，下面我们仅介绍基极调幅。

表 5-1   三种调幅波时域、频域波形

时 域 波 形	频 域 波 形	
	单频调制	多频调制
$u_\Omega(t)$ 时域波形	幅度，在 Ω 处单谱线	幅度，在 Ω 附近谱线
$u_{AM}(t)$ 调幅波形	$\omega_c+\Omega$ ω_c $\omega_c-\Omega$	$\omega_c+\Omega$ ω_c $\omega_c-\Omega$
$u_{DSB}(t)$ 双边带波形	$\omega_c+\Omega$ $\omega_c-\Omega$	$\omega_c+\Omega$ $\omega_c-\Omega$
$u_{SSB}(t)$ 单边带波形	$\omega_c+\Omega$ $\omega_c-\Omega$	$\omega_c+\Omega$ $\omega_c-\Omega$

基极调幅电路如图 5-7 所示。由图可见，高频载波信号 u_ω 通过高频变压器 TA$_1$ 加到晶体管基极回路，低频调制信号 u_Ω 通过低频变压器 TA$_2$ 加到晶体管基极回路，C_b 为高频旁路电容，用来为载波信号提供通路。

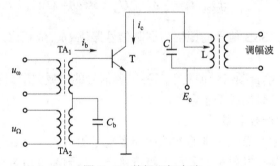

图 5-7   基极调幅电路

在调制过程中，调制信号 u_Ω 相当于一个缓慢变化的偏压（因为反偏压 $E_b=0$，否则综合偏压应是 E_b+u_Ω），使放大器的集电极脉冲电流的最大值 i_{Cmax} 和导通角 θ 按调制信号的大小而变化。在 u_Ω 往正向增大时，i_{Cmax} 和 θ 增大；在 u_Ω 往反向减小时，i_{Cmax} 和 θ 减少，故输出电压幅值正好反映调制信号波形。晶体管的集电极电流 i_C 波形和调谐回路输出的电压波形如图 5-8 所示，将集电极谐振回路调谐在载频 ω_c 上，那么放大器的输出端便获得调幅波。

2）抑制载波调幅的产生电路

产生抑制载波调幅波的电路采用平衡、抵消的办法把载波抑制掉，故这种电路叫抑制载波调幅电路或叫平衡调幅电路。

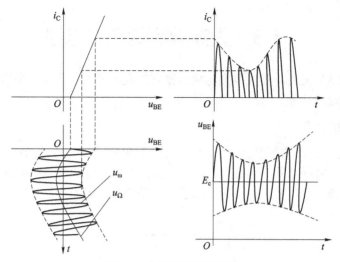

图 5-8 基极调幅波形图

实现这种调幅的电路很多，目前广泛应用的是二极管环形调制器，如图 5-9 所示。

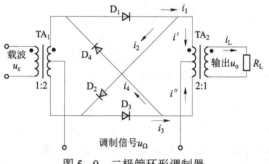

图 5-9 二极管环形调制器

随着集成电路的发展，由线性组件构成的平衡调幅器已被采用，用模拟乘法器实现抑制载波调幅的实际电路如图 5-10 所示，它是用 MC1596G 构成。这个电路的特点是工作频带宽、输出频率较纯，而且省去了变压器，调整简单。

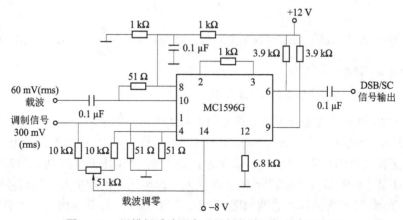

图 5-10 用模拟乘法器实现抑制载波调幅的实际电路

5.3　振幅调制的实验电路

由于集成电路的发展，集成模拟相乘器得到广泛的应用，本实验采用 MC1496 集成模拟相乘器来实现调幅的功能。

1. MC1496 简介

MC1496 是一种四象限模拟相乘器，其内部电路及其用于振幅调制器时的外部连接如图 5-11 所示。由图可见，电路中采用了以反极性方式连接的两组差分对（$T_1 \sim T_4$），且这两组差分对的恒流源管（T_5、T_6）又组成了一个差分对，因而亦称为双差分对模拟相乘器。

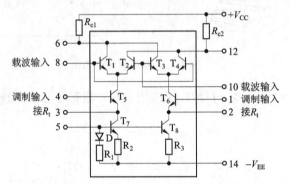

图 5-11　MC1496 内部电路及其用于振幅调制器时间外部连接

其典型用法是：

8、10 脚间接一路输入（称为上输入 u_1），1、4 脚间接另一路输入（称为下输入 u_2），6、12 脚分别经由集电极电阻 R_{c1}、R_{c2} 接到正电源 +12 V 上，并从 6、12 脚间取输出 u_o。

2、3 脚间接负反馈电阻 R_t。5 脚到地之间接电阻 R_B，它决定了恒流源电流 I_7、I_8 的数值，典型值为 6.8 kΩ。14 脚接负电源 -8 V。7、9、11、13 脚悬空不用。由于两路输入 u_1、u_2 的极性皆可取正或负，因而称之为四象限模拟相乘器。可以证明：

$$u_o = \frac{2R_c}{R_t} u_2 \cdot \mathrm{th}\left(\frac{u_1}{2u_T}\right)$$

仅当上输入信号满足 $u_1 \leqslant u_T$（26 mV）时，才有：$u_o = \dfrac{R_c}{R_t u_T} u_1 \cdot u_2$，MC1496 才是真正的模拟相乘器。本实验即为此例。

2. MC1496 组成的调幅器实验电路

用 MC1496 组成的调幅器实验电路如图 5-12 所示。图中，与图 5-11 相对应之处是：8R08 对应于 R_t，8R09 对应于 R_B，8R03、8R10 对应于 R_{c1}、R_{c2}。此外，8W01 用来调节 1、4 端之间的平衡，8W02 用来调节 8、10 端之间的平衡。8K01 开关控制 1 端是否接入直流电压，当 8K01 置"ON"时，MC1496 的 1 端接入直流电压，其输出为正常调幅波（AM），调整 8W03 电位器，可改变调幅波的调制度。当 8K01 置"OFF"时，其输出为平衡调幅波（DSB）。晶体管 8Q01 为随极跟随器，以提高调制器的带负载能力。

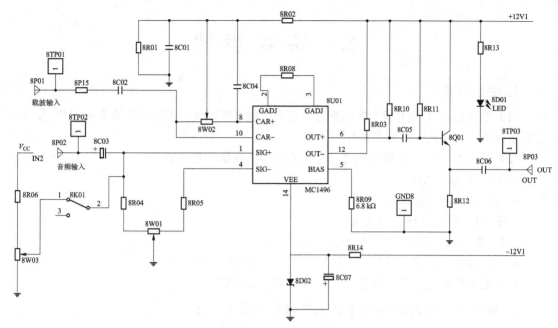

图 5-12　1496 组成的调幅器实验电路

5.4　实　验　目　的

（1）通过实验了解振幅调制的工作原理。

（2）掌握用 MC1496 来实现 AM 和 DSB 的方法，并研究已调波与调制信号、载波之间的关系。

（3）掌握用示波器测量调幅系数的方法。

5.5　实　验　内　容

（1）模拟乘法器调幅的输入电压调节。

（2）用示波器观察正常调幅波（AM）波形，并测量其调幅系数。

（3）用示波器观察平衡调幅波（抑制载波的双边带波形 DSB）波形。

（4）用示波器观察调制信号为方波、三角波的调幅波。

5.6　实　验　器　材

（1）双踪示波器　一台

（2）万用表　一块

（3）调试工具　一套

（4）频率计　一台

（5）高频实验箱　一套

5.7　实验步骤

1. 实验准备

（1）在实验箱主板上插上集成乘法器幅度调制电路模块。接通实验箱上电源开关，按下模块上开关 8K1，此时电源指示灯点亮。

（2）调制信号源：采用低频信号源中的函数发生器，其参数调节如下（示波器监测）。

- 频率范围：1 kHz；
- 波形选择：正弦波；
- 输出电压峰—峰值：300 mV。

（3）载波源：采用高频信号源的参数如下：

- 工作频率：2 MHz 用频率计测量（也可采用其他频率）；
- 输出电压幅度（峰—峰值）：200 mV，用示波器观测。

2. 输入失调电压的调整（交流反馈电压的调整）

集成模拟相乘器在使用之前必须进行输入失调调零，也就是要进行交流反馈电压的调整，其目的是使相乘器调整为平衡状态。因此在调整前必须将开关 8K01 置"OFF"（往下拨），以切断其直流电压。交流反馈电压指的是相乘器的一个输入端加上信号电压，而另一个输入端不加信号时的输出电压，这个电压越小越好。

1）载波输入端输入失调电压调节

把调制信号源输出的音频调制信号加到音频输入端（8P02），而载波输入端不加信号。用示波器监测相乘器输出端（8TP03）的输出波形，调节电位器 8W02，使此时输出端（8TP03）的输出信号（称为调制输入端馈通误差）最小。

2）调制输入端输入失调电压调节

把载波源输出的载波信号加到载波输入端（8P01），而音频输入端不加信号。用示波器监测相乘器输出端（8TP03）的输出波形。调节电位器 8W01 使此时输出（8TP03）的输出信号（称为载波输入端馈通误差）最小。

3. DSB（抑制载波双边带调幅）信号波形的观察

在载波输入、音频输入端已进行输入失调电压调节（对应于 8W02、8W01 调节的基础上）后，可进行 DSB 的测量。

1）DSB 信号波形的观察

将高频信号源输出的载波接入载波输入端（8P01），低频调制信号接入音频输入端（8P02）。示波器 CH1 接调制信号（可用带"钩"的探头接到 8TP02 上），示波器 CH2 接调幅输出端（8TP03），即可观察到调制信号及其对应的 DSB 信号波形，其波形如图 5–13 所示，如果观察到的 DSB 波形不对称，应微调 8W01 电位器。

2）DSB 信号反相点的观察

为了清楚地观察双边带信号过零点的反相，必须降低载波的频率。本实验可将载波频率降低为 100 kHz（如果是 DDS 高频信号源则可直接调至 100 kHz；如果是其他信号源，则需另配 100 kHz 的函数发生器），输出电压幅度仍为 200 mV。调制信号仍为 1 kHz（输出电压幅度 300 mV）。

增大示波器 X 轴扫描速率，仔细观察调制信号过零点时刻所对应的 DSB 信号，过零点时刻的波形应该是反相的，如图 5-14 所示。

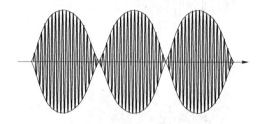 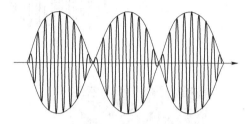

图 5-13 DSB 信号波形   图 5-14 DSB 信号反相点的波形

3）DSB 信号波形与载波波形的相位比较

在 5.7 节的 DSB 波形观察的基础上，将示波器 CH1 改接 8TP01 点，把调制器的输入载波波形与输出 DSB 波形的相位进行比较，可以发现：在调制信号正半周期间，二者同相；在调制信号负半周期间，二者反相。

4. SSB（单边带调制）信号波形观察

单边带（SSB）是将抑制载波的双边带（DSB）通过边带滤波器滤除一个边带而得到的。本实验利用滤波与计数鉴频模块中的带通滤波器作为边带滤波器，该滤波器的中心频率为 110 kHz 左右，通频带约为 12 kHz。为了利用该带通滤波器取出上边带而抑制下边带，双边带（DSB）的载波频率应取 104 kHz。具体操作方法如下。

将载波频率为 104 kHz、输出电压幅度 300 mV 的正弦波接入载波输入端（8P01），将频率为 6 kHz、输出电压幅度 300 mV 的正弦波接入音频输入端（8P02），按照 DSB 的调试方法得到 DSB 波形。将调幅输出（8P03）连接到滤波与计数鉴频模块中的带通滤波器输入端（15P05），用示波器测量带通滤波器输出（15P06），即可观察到 SSB 信号波形。在本实验中，正常的 SSB 波形应中心频率为 110kHz 的等幅波形，但由于带通滤波器频带较宽，下边带不可能完全抑制，因此，其输出波形不完全是等幅波。

5. AM（常规调幅）信号波形测量

1）AM 正常波形观测

在保持输入失调电压调节的基础上，将开关 8K01 置 "ON"（往上拨），即转为正常调幅状态。载波频率仍设置为 2 MHz（幅度 200 mv），调制信号频率 1 kHz（幅度 300 mV）。示波器 CH1 接 8TP02、CH2 接 8TP03，即可观察到正常的 AM 波形，如图 5-15 所示。

调整电位器 8W03，可以改变调幅波的调幅指数。在观察输出波形时，改变音频调制信号的频率及幅度，输出波形应随之变化。用示波器测出的正常调幅波波形如图 5-16。

2）不对称调幅指数的 AM 波形观察

在 AM 正常波形调整的基础上，改变 8W02，可观察到调幅指数不对称的情形。最后仍调到调制度对称的情形。用示波器测出的不对称调幅波波形如图 5-17。

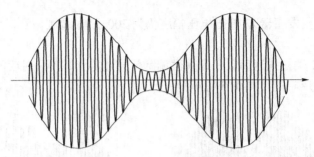

图 5-15　常规调幅波形图

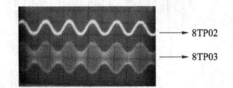

图 5-16　用示波器测出的正常调幅波波形

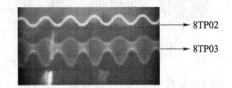

图 5-17　用示波器测出的不对称调幅波波形

3）过调制时的 AM 波形观察

在上述实验的基础上，即载波 2 MHz（幅度 200 mV）、音频调制信号 1 kHz（幅度 300 mV），示波器 CH1 接 8TP02、CH2 接 8TP03。调整 8W03 使调制度为 100%，然后增大音频调制信号的幅度，可以观察到过调制时 AM 波形，并与调制信号波形作比较。调制度为 100% 和过调制的 AM 波形如图 5-18、图 5-19 所示。

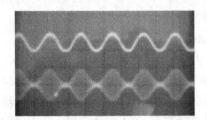

图 5-18　调制度为 100% 的 AM 波形

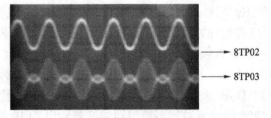

图 5-19　过调制 AM 波形

4）增大载波幅度时的调幅波观察

保持调制信号输入不变，逐步增大载波幅度，并观察输出已调波。可以发现，当载波幅度增大到某值时，已调波形开始有失真；而当载波幅度继续增大时，已调波形包络出现模糊。最后把载波幅度复原（200 mV）。

5）调制信号为三角波和方波时的调幅波观察

保持载波源输出不变，但把调制信号源输出的调制信号改为三角波（峰—峰值 200 mV）或方波（峰—峰值 200 mV），并改变其频率，观察已调波形的变化，调整 8W03，观察输出波形调制度的变化。调制信号为三角波时的调幅波形如图 5-20 所示。

6. 调幅指数 m_a 的测试

我们可以通过直接测量调制包络来测出 m_a。将被测的调幅信号加到示波器 CH1 或 CH2，并使其同步。调节时间旋钮使荧光屏显示几个周期的调幅波波形，如图 5-21 所示。根据 m_a 的定义，测出 A、B，即可得到 m_a：

图 5-20 调制信号为三角波时的调幅波形

$$m_a = \frac{A-B}{A+B} \times 100\%$$

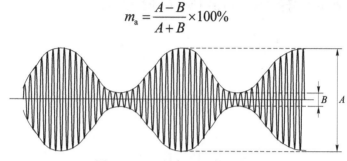

图 5-21 调制度 m_a 计算示意图

5.8 实 验 报 告

（1）整理按实验步骤所得数据，绘制记录的波形，并作出相应的结论。

（2）画出 DSB 波形和 $m_a = 100\%$ 时的 AM 波形，比较二者的区别。

（3）总结由本实验所获得的体会。

5.9 知识要点与思考题

 知识要点

（1）调幅、检波和混频。它们在时域上都表现为两信号的相乘；在频域上则是频谱的线性搬移。这三种电路的工作原理和基本组成相同，都是由非线性器件实现频率变换和用滤波器来滤除不需要的频率分量。不同之处是输入信号、参考信号、滤波器特性在实现调幅、检波、混频时各有不同的形式，以完成特定要求的频谱搬移。

（2）调幅有三种方式：普通调幅、双边带调幅和单边带调幅。普通调幅波的载波振幅随调制信号大小线性变化；双边带调幅是在普通调幅的基础上抑制掉不携带有用信息的载波，保留携带有用信息的两个边带；单边带调幅则是在双边带调幅的基础上，去掉一个边带仅用另一个边带传送有用信息。单边带调幅通信突出的优点是节省了频带和发射功率，从调幅实现电路的角度来看，双边带调幅电路最简单，而单边带调幅电路最复杂。这三种调幅波的数学表达式、波形图、功率分配、频带宽度等各有区别，其解调方式也各有不同。调幅方法可分为低电平调幅和高电平调幅两大类。

思考题

（1）何谓调幅、调频和调相？有哪几种调幅形式？AM 信号的功率关系是什么？

（2）什么是调幅深度？它对边带功率有什么影响？

（3）请正确写出 AM、DSB 信号的表达式和频谱。

（4）单音调幅时，AM、DSB、SSB 信号的带宽为多少？

（5）AM 和 DSB 信号的包络与调制信号有什么联系？

实验 6 振幅解调器

6.1 振幅解调的基本工作原理

解调过程是调制的反过程，即将低频信号从高频已调载波上搬移下来的过程。解调过程在收信端，实现解调的装置叫解调器。

1. 普通调幅波的解调

振幅调制的解调被称为检波，其作用是从调幅波中不失真地检出调制信号。由于普通调幅波的包络反映了调制信号的变化规律，因此常用非相干解调方法。非相干解调有两种方式，即小信号平方律检波和大信号包络检波。这里我们只介绍大信号包络检波器。

大信号检波电路与小信号检波电路基本相同。由于大信号检波输入信号电压幅度值一般在 500 mV 以上，检波器的静态偏置就变得无关紧要了。下面以图 6-1 所示的简化电路为例进行分析。

大信号检波和二极管整流的过程相同。大信号检波的工作原理如图 6-2 所示。当输入信号 $u_i(t)$ 为正并大于 $u_o(t)$ 时，二极管导通，信号通过二极管向 C 充电，此时 $u_o(t)$ 随充电电压上升而升高。当 $u_i(t)$ 下降且小于 $u_o(t)$ 时，二极管反向截止，此时停止向 C 充电，$u_o(t)$ 通过 R_L 放电，$u_o(t)$ 随放电而下降。

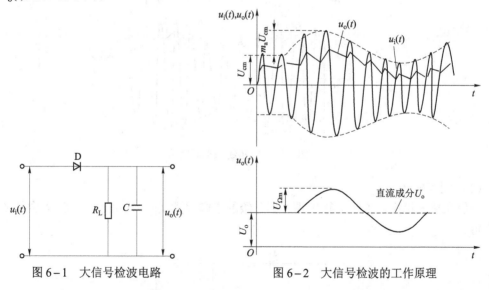

图 6-1 大信号检波电路   图 6-2 大信号检波的工作原理

充电时，二极管的正向电阻 r_D 较小，充电较快。$u_o(t)$ 以接近 $u_i(t)$ 的上升速率升高。放电时，因电阻 R_L 比 r_D 大得多（通常 $R_L = 5 \sim 10 \ \text{k}\Omega$），放电慢，故 $u_o(t)$ 的波动小，并保证基本上接近于 $u_i(t)$ 的幅值。

如果 $u_i(t)$ 是高频等幅波，则 $u_o(t)$ 是幅值为 U_o 的直流电压（忽略了少量的高频成分），这正是带有滤波电容的整流电路。

当输入信号 $u_i(t)$ 的幅度增大或减少时，检波器输出电压 $u_o(t)$ 也将随之近似成比例地升高或降低。当输入信号为调幅波时，检波器输出电压 $u_o(t)$ 就随着调幅波的包络线而变化，从而获得调制信号，完成检波作用。由于输出电压 $u_o(t)$ 的大小与输入电压的峰值接近相等，故把这种检波器称为峰值包络检波器。

2. 检波失真

检波输出可能产生三种失真：第一种是由于检波二极管伏安特性弯曲引起的失真；第二种是由于滤波电容放电慢引起的失真，这种失真叫对角线失真（又叫对角线切割失真）；第三种是由于输出耦合电容上所充的直流电压引起的失真，这种失真叫割底失真（又叫底部切割失真）。其中第一种失真主要存在于小信号检波器中，并且是小信号检波器中不可避免的失真，对于大信号检波器这种失真影响不大，主要是后两种失真，下面分别进行讨论。

（1）对角线失真。

参见图 6-1 所示的电路，在正常情况下，滤波电容 C 对高频信号每一个周期充放电一次，每次充电到接近包络线的电压，使检波输出基本能跟上包络线的变化。它的放电规律是按指数曲线进行，时间常数为 R_LC。假设 R_LC 很大，则放电很慢，可能在随后的若干高频信号周期内，包络线电压虽已下降，而 C 上的电压还大于包络线电压，这就使二极管反向截止，失去检波作用，直到包络线电压再次升到超过电容上的电压时，才恢复其检波功能。在二极管截止期间，检波输出波形是 C 的放电波形，呈倾斜的对角线形状，如图 6-3 所示，故叫对角线失真，也叫放电失真。显然，放电越慢或包络线下降越快，则越易发生这种失真。

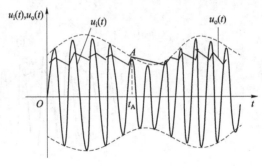

图 6-3　对角线失真原理图

（2）割底失真。

一般在接收机中，检波器输出耦合到下级的电容很大（5~10μF），图 6-4 中的 C_1 为耦合电容。

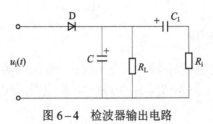

图 6-4　检波器输出电路

对检波器输出的直流而言，C_1 上充有一个直流电压 U_o。如果输入信号 $u_i(t)$ 的调制度很深，以致在一部分时间内其幅值比 C_1 上电压 U_o 还小，则在此期间内，二极管将处于反向截止状态，产生失真。此时电容上电压等于 U_o，故表现为输出波形中的底部被切去，如图 6-5 所示。

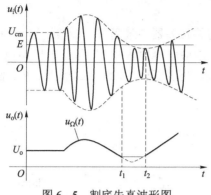

图 6-5　割底失真波形图

3. 抑制载波调幅波的解调电路

包络检波器只能解调普通调幅波，而不能解调 DSB 和 SSB 信号。这是由于后两种已调信号的包络并不能反映调制信号的变化规律，因此，抑制载波调幅波的解调必须采用同步检波电路，最常用的是乘积型同步检波电路。

乘积型同步检波器的组成方框图如图 6-6 所示。它与普通包络检波器的区别就在于接收端必须提供一个本地载波信号 $u_r(t)$，而且要求它是与发端的载波信号同频、同相的同步信号。利用这个外加的本地载波信号 $u_r(t)$ 与接收端输入的调幅信号 $u_i(t)$ 二者相乘，可以产生原调制信号分量和其他谐波组合分量，经低通滤波器后，就可解调出原调制信号。

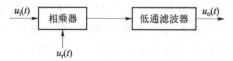

图 6-6　乘积型同步检波器的组成方框图

乘积检波电路可以利用二极管环形调制器来实现。环形调制器既可用作调幅又可用作解调。用模拟乘法器构成的抑制载波调幅波的解调电路如图 6-7 所示。

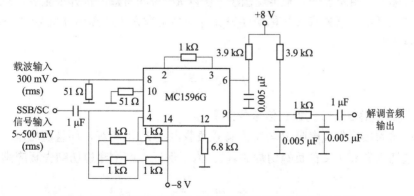

图 6-7　用模拟乘法器构成的抑制载波调幅波的解调电路

6.2   振幅解调的实验电路

1. 二极管包络检波

二极管包络检波器是包络检波器中最简单、最常用的一种电路。它适合于解调信号电平较大（俗称大信号，通常要求峰—峰值为 1.5 V 以上）的 AM 波。它具有电路简单、检波线性好、易于实现等优点。本实验电路主要包括二极管、RC 低通滤波器和低频放大部分，如图 6-8 所示。

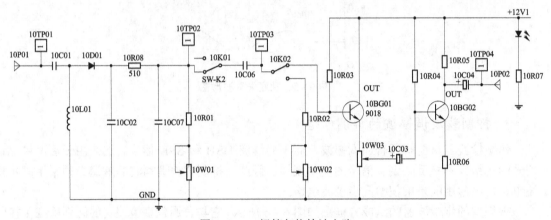

图 6-8   二极管包络检波电路

图中，10D01 为检波管，10C02、10R08、10C07 构成低通滤波器，10R01、10W01 为二极管检波直流负载，10W01 用来调节直流负载大小，10R02 与 10W02 相串构成二极管检波交流负载，10W02 用来调节交流负载大小。开关 10K01 是为二极管检波交流负载的接入与断开而设置的，10K01 置"ON"为接入交流负载，10K01 置"OFF"为断开交流负载。开关 10K02 控制着检波器是接入交流负载还是接入后级低放。将开关 10K02 拨至左侧时接交流负载，拨至右侧时接后级低放。当检波器构成系统时，需与后级低放接通。10BG01、10BG02 对检波后的音频进行放大，放大后音频信号由 10P02 输出，因此开关 10K02 可控制音频信号是否输出，调节 10W03 可调整输出幅度。图中，利用二极管的单向导电性使得电路的充放电时间常数不同（实际上，相差很大）来实现检波，所以 RC 时间常数的选择很重要。RC 时间常数过大，则会产生对角切割失真（又称惰性失真）；RC 常数太小，高频分量会滤不干净。综合考虑要求满足下式：

$$RC\Omega \ll \frac{\sqrt{1-m_a^2}}{m_a}$$

式中，m_a 为调幅指数；Ω 为调制信号角频率。

当检波器的直流负载电阻 R 与交流音频负载电阻 R_Ω 不相等，而且调幅度 m_a 又相当大时会产生底边切割失真（又称负峰切割失真），为了保证不产生底边切割失真应满足：

$$m_a < \frac{R_\Omega}{R}$$

2. 同步检波

同步检波又称相干检波。它利用与已调幅波的载波同步（同频、同相）的一个恢复载波与已调幅波相乘，再用低通滤波器滤除高频分量，从而解调出调制信号。本实验采用 MC1496 集成电路来组成解调器，如图 6−9 所示。该电路图利用一片 MC1496 集成块构成两个实验电路，即幅度解调电路和混频电路，混频电路在前面实验 7 中作介绍，本节介绍解调电路。图中，本地载波 $u_c(t)$ 先加到输入端 9P01 上，再经过电容 9C01 加在 8、10 脚之间。已调幅波 $u_{AM}(t)$ 先加到输入端 9P02 上，再经过电容 9C02 加在 1、4 脚之间。相乘后的信号由 6 脚输出，再经过由 9C04、9C05、9R06 组成的低通滤波器滤除高频分量后，在解调输出端（9P03）提取出调制信号。

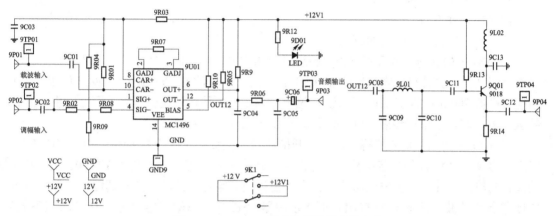

图 6−9　MC1496 组成的解调器实验电路

需要指出的是，在图 6−9 中对 MC1496 采用了单电源（＋12 V）供电，因而 14 脚需接地，且其他脚亦应偏置相应的正电位，恰如图中所示。

6.3　实　验　目　的

（1）掌握用包络检波器实现 AM 波解调的方法；了解滤波电容数值对 AM 波解调的影响。

（2）理解包络检波器只能解调 $m_a \leq 100\%$ 的 AM 波，而不能解调 $m_a > 100\%$ 的 AM 波及 DSB 波的概念。

（3）掌握用 MC1496 模拟乘法器组成的同步检波器来实现 AM 波和 DSB 波解调的方法。

（4）理解同步检波器能解调各种 AM 波及 DSB 波的概念。

6.4　实　验　内　容

（1）用示波器观察包络检波器解调 AM 波、DSB 波时的性能。

（2）用示波器观察同步检波器解调 AM 波、DSB 波时的性能。

（3）用示波器观察普通调幅波（AM）解调中的对角切割失真和底部切割失真的现象。

6.5 实 验 步 骤

1. 实验准备

（1）选择好需做实验的模块：集成乘法器幅度调制电路、二极管检波器和集成乘法器幅度解调电路。

（2）接通实验板的电源开关，使相应电源指示灯发光，表示已接通电源即可开始实验。

注意：做本实验时仍需要重复振幅调制实验中部分内容，先产生调幅波，再供解调之用。

2. 二极管包络检波

1）AM 波的解调

（1）$m_a = 30\%$ 的 AM 波的解调。

① AM 波的获得。与振幅调制实验步骤中的实验内容相同，低频信号或函数发生器的信号作为调制信号源（输出峰—峰值 300 mV 的 1 kHz 正弦波），以高频信号源作为载波源（输出峰—峰值 200 mV 的 2 MHz 正弦波），调节 8W03 便可从幅度调制电路单元上输出 $m_a = 30\%$ 的 AM 波，其输出电压幅度（峰—峰值）至少应为 0.8 V。

② AM 波的包络检波器解调。先断开检波器交流负载（将开关 10K01 拨至"OFF"），把上面得到的 AM 波加到包络检波器输入端（10P01），即可用示波器在 10TP02 观察到包络检波器的输出，并记录输出电压波形。为了更好地观察包络检波器的解调性能，可将示波器 CH1 接包络检波器的输入 10TP01，而将示波器 CH2 接包络检波器的输出 10TP02（下同）。调节直流负载的大小（调 10W01），使输出得到一个不失真的解调信号，画出波形。

③ 观察对角切割失真。保持以上输出的不失真的解调信号，调节直流负载（调节 10W01），使输出产生对角失真，如果失真不明显可以加大调幅度（即调节 8W03），画出其波形，并计算此时的 m_a 值。

④ 观察底部切割失真。当交流负载未接入前，先调节 10W01 使解调信号不失真。然后接通交流负载（将开关 10K01 拨至"ON"，10K02 拨至左侧），示波器 CH2 接 10TP03。调节交流负载的大小（调节 10W02），使解调信号出现割底失真，如果失真不明显，可加大调幅度（即增大音频调制信号幅度）画出其相应的波形，并计算此时的 m_a。当出现割底失真后，减小 m_a（减小音频调制信号幅度）使失真消失，并计算此时的 m_a。在解调信号不失真的情况下，将开关 10K02 拨至右侧，示波器 CH2 接 10TP04，可观察到放大后的音频信号，调节 10W03 音频幅度会发生变化。

（2）$m_a = 100\%$ 的 AM 波的解调。

调节 8W03，使 $m_a = 100\%$，观察并记录检波器输出信号波形。

（3）$m_a > 100\%$ 的 AM 波的解调。

加大音频调制信号幅度，使 $m_a > 100\%$，观察并记录检波器输出信号波形。

（4）调制信号为三角波和方波的解调。

在上述情况下，恢复 $m_a > 30\%$，调节 10W01 和 10W02，使解调输出信号波形不失真。然后将低频信号源的调制信号改为三角波和方波，即可在检波器输出端（10TP02、10TP03、10TP04）观察到与调制信号相对应的波形，调节音频信号的频率，其波形也随之变化。

实际观察到的不同调制度的解调波形如图 6-10 所示。

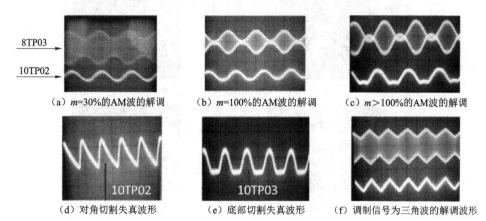

（a）$m=30\%$ 的 AM 波的解调　　（b）$m=100\%$ 的 AM 波的解调　　（c）$m>100\%$ 的 AM 波的解调

（d）对角切割失真波形　　（e）底部切割失真波形　　（f）调制信号为三角波的解调波形

图 6-10　实际观察到的不同调制度的解调波形

2）DSB 波的解调

采用振幅调制实验中的步骤得到 DSB 波形，并增大载波信号及调制信号幅度，使得在调制电路输出端产生较大幅度的 DSB 信号。然后把它加到二极管包络检波器的输入端，观察并记录检波器的输出信号波形，并与调制信号作比较。

实际观察到的 DSB 解调波形如图 6-11 所示。

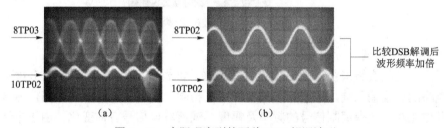

比较DSB解调后波形频率加倍

（a）　　　　　　　　（b）

图 6-11　实际观察到的两种 DSB 解调波形

3．集成电路（乘法器）构成的同步检波

1）AM 波的解调

将幅度调制电路的输出接到幅度解调电路的调幅输入端（9P02）。解调电路的恢复载波可用铆孔线直接与调制电路中载波输入相连，即 9P01 与 8P01 相连。示波器 CH1 接调幅信号 9TP02，CH2 接同步检波器的输出 9TP03。分别观察并记录当调制电路输出 $m_a=30\%$、$m_a=100\%$、$m_a>100\%$ 时三种 AM 的解调输出信号波形，并与调制信号作比较。实际观察到的各种调制度的解调波形如图 6-12 所示。

2）DSB 波的解调

采用振幅调制实验中的步骤来获得 DSB 波，并加入幅度解调电路的调幅输入端，而其他连线均保持不变，观察并记录解调输出波形，并与调制信号作比较。改变调制信号的频率及幅度，观察解调信号有何变化。将调制信号改成三角波和方波，再观察解调输出波形。

DSB 波的解调波形如图 6-13 所示。

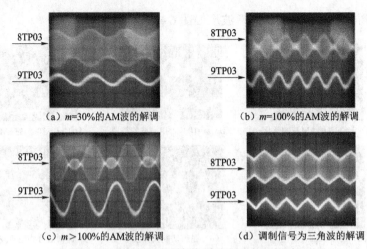

　　　（a）m=30%的AM波的解调　　　　　　　（b）m=100%的AM波的解调

　　　（c）m＞100%的AM波的解调　　　　　　（d）调制信号为三角波的解调

图 6-12　实际观察到的各种调制度的解调波形

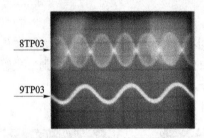

图 6-13　DSB 波的解调波形

3）SSB 波的解调

　　采用振幅调制实验来获得 SSB 波，并将带通滤波器输出的 SSB 波形（15P06）连接到幅度解调电路的调幅输入端，载波输入与上述连接相同。观察并记录解调输出信号波形，并与调制信号作比较。改变调制信号的频率及幅度，观察解调信号有何变化。由于带通滤波器的原因，当调制信号的频率降低时，其解调后波形将产生失真，因为调制信号降低时，双边带（DSB）中的上边带与下边带靠得更近，带通滤波器不能有效地抑制下边带，这样就会使得解调后的波形产生失真。

4）调幅与检波系统实验

　　调幅与检波系统实验图如图 6-14 所示。

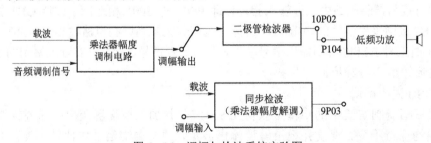

图 6-14　调幅与检波系统实验图

　　将电路按图 6-14 连接好后，按照上述实验的方法，将幅度调制电路和检波电路调节好，使检波后的输出信号波形不失真。然后将检波后音频信号接入低频信号源中的"功放输入"

（P104），即用铆孔线将二极管检波器输出 10P02（注意 10K01、10K02 的位置）与低频信号源中的"功放输入"（P104）相连，或将同步检波器输出 9TP03 与"功放输入"（P104）相连，便可在扬声器中发出声音。改变调制信号的频率，声音也会发生变化。将低频信号源接"音乐输出"，扬声器中就有音乐声音。

6.6　实　验　报　告

（1）由本实验归纳出两种检波器的解调特性，以"能否正确解调"填入下表。

输入的调幅波	AM 波			DSB 波
	$m_a=30\%$	$m_a=100\%$	$m_a>100\%$	
包络检波				
同步检波				

（2）观察对角切割失真和底部切割失真现象并分析产生的原因。
（3）对实验中的两种解调方式进行总结。

6.7　知识要点与思考题

知识要点

（1）检波是调幅的逆过程，是调幅波解调的简称。振幅解调的原理是将已调信号通过非线性器件产生包含有原调制信号的新频率成分，由 RC 低通滤波器取出原调制信号。
（2）低通滤波器是检波器中不可缺少的组成部分，滤波器的时间常数选择对检波效果有很大影响，选择不当将会产生失真。

思考题

（1）二极管峰值包络检波器与乘积检波器有何差异？
（2）二极管包络检波器的两种主要失真是什么？当增大负载电阻时，可能会产生什么失真？
（3）混频跨导是如何定义的？如何计算？
（4）混频器的主要干扰是什么？它们是如何产生的？在电路设计中应采取什么措施减少这些干扰的影响？

实验7 混 频 器

7.1 概　述

在通信技术中，经常需要将信号自某一频率变换为另一频率，一般用得较多的是把一个已调的高频信号变成另一个较低频率的同类已调信号，完成这种频率变换的电路称混频器。超外差接收机中的混频器的作用是使已调的高频信号通过与本地振荡信号相混频，得到一个固定不变的中频信号。

采用混频器后，接收机的性能将得到提高，这是由于：① 混频器将高频信号频率变换成中频，在中频上放大信号，经中频放大后，送到检波器的信号电压可以达到伏特数量级，有助于提高接收机的灵敏度；② 混频后所得的中频频率是固定的，这样可以使电路结构简化；③ 对于某一固定频率其选择性可以做得很好。

混频器的电路模型如图7-1所示。

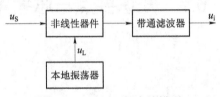

图7-1　混频器的电路模型

混频器常用的非线性器件有二极管、三极管、场效应管和乘法器。本地振荡器用于产生一个等幅的高频信号，并与输入信号 u_S 通过混频后所产生的差频信号经由带通滤波器滤出，这个差频通常叫做中频。输出的中频信号 u_i 与输入信号 u_S 载波振幅的包络形状完全相同，唯一的差别是信号载波频率 f_S 变换成中频频率 f_i。

目前，高质量的通信接收机广泛采用二极管环形混频器和由差分对管平衡调制器构成的混频器，而在一般接收机（例如广播收音机）中，为了简化电路，还是采用简单的三极管混频器。

7.2　三极管混频器的基本工作原理

当采用三极管作为非线性元件时就构成了三极管混频器，它是最简单的混频器之一，应用广泛，我们以它为例来分析混频器的基本工作原理。

三极管混频器的电路原理图如图7-2所示。从图可知，输入的高频信号 $u_S(f_S)$ 通过 C_1 加到三极管的 B 极，而本振信号 $u_L(f_L)$ 经 C_2 耦合，加在三极管的 E 极，这样加在三极管输入端（B、E 之间）的信号为 $u_{BE}=u_S+u_L$。即两信号在三极管输入端互相叠加。由于三极管的 $i_C \sim u_{BE}$ 特性（即转移特性）存在非线性，使两信号相互作用，产生很多新的频率成分，其中包括

有用的中频成分 f_L-f_S 和 f_L+f_S，输出中频回路（带通滤波器）将其选出，从而实现混频。

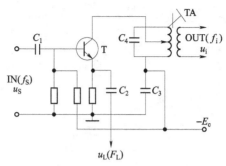

图 7-2　三极管混频器的电路原理图

通常混频器集电极谐振回路的谐振频率选择差频即 f_L-f_S，此时输出中频信号 f_i 比输入信号频率 f_S 低。根据需要有时集电极谐振回路的谐振频率选择和频即 f_L+f_S，此时输出中频信号 f_i 比输入信号频率 f_S 高，即将信号频率往高处搬移，有的混频器就取和频。

7.3　混频干扰及其抑制方法

为了实现混频功能，混频器件必须工作在非线性状态，而作用在混频器上的除了输入信号电压 u_S 和本振电压 u_L 外，不可避免地还存在干扰和噪声。它们之间任意二者都有可能产生组合频率，这些组合频率如果等于或接近中频，将与输入信号一起通过中频放大器和检波器，对输出级产生干扰，影响输入信号的接收。

干扰是由于混频不满足线性时变工作条件而形成的，因此不可避免地会产生干扰，其中影响最大的是中频干扰、镜像干扰和组合频率干扰。

通常减弱这些干扰的方法有以下三种：

（1）适当选择混频电路的工作点，尤其是 u_L 不要过大；

（2）输入信号电压幅值不能过大，否则谐波幅值也大，使干扰增强；

（3）合理选择中频频率，选择中频时应考虑各种干扰所产生的影响。

7.4　混频器的实验电路

1. 晶体三极管混频器的实验电路

晶体三极管混频器的实验电路图如图 7-3 所示，由图可看出，本振电压 u_L 从 5P01 输入，经 5C01 送往晶体三极管的发射极。输入信号电压（频率为 6.3 MHz）从 5P02 输入，经 5C02 送往晶体三极管的基极。混频后的中频信号由晶体三极管的集电极输出，集电极的负载由 5L03、5C05 和 5C06 构成谐振回路，该谐振回路调谐在中频 $f_i=f_L-f_S$ 上。本实验中频 $f_i=2.5$ MHz，由于信号频率 $f_S=6.3$ MHz，所以本振频率为 8.8 MHz，即中频 $f_i=f_L-f_S=8.8$ MHz$-$6.3 MHz$=2.5$ MHz。谐振回路选出的中频经 5C07 耦合，由 5P03 铆孔输出。图中电位器 5W01 用来调整晶体三极管的静态工作点。

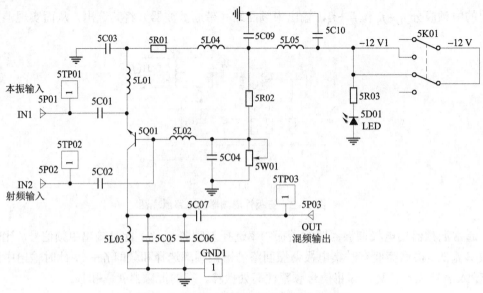

图 7-3　晶体三极管混频器的实验电路图

2. 用 MC1496 集成电路构成的混频器

用 MC1496 集成电路构成的混频器如图 7-4 所示,该电路利用一片 MC1496 集成块构成两个实验电路,即幅度解调电路和混频电路,本节只讨论混频电路。MC1496 是一种四象限模拟相乘器(通常把它叫做乘法器),其内部电路在振幅调制中已作介绍。图中,9P01 为本振信号 u_L 输入铆孔,9TP01 为本振信号测试点。本振信号经 9C01 从乘法器的一个输入端(10 脚)输入。9P02 为射频信号输入铆孔,9TP02 为测试点。射频信号电压 u_S 从乘法器的另一个输入端(1 脚)输入,混频后的中频($f_i = f_L - f_S$)信号由乘法器输出端(12 脚)输出。输出端的带通滤波器由 9L01、9C09 和 9C10 组成,带通滤波器必须调谐在中频频率 f_i 上,本实验的中频频率为 2.5 MHz。如果输入的射频信号频率 $f_S = 6.3$ MHz,则本振频率 $f_L = 8.8$ MHz,中频 $f_i = f_L - f_S = 8.8$ MHz - 6.3 MHz = 2.5 MHz。由于中频固定不变,当射频信号频率改变时,本振频

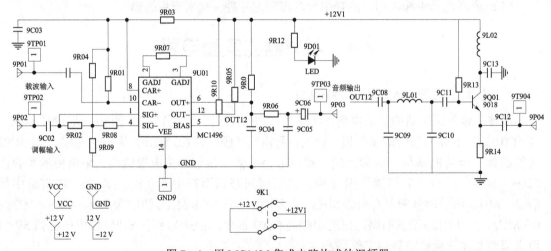

图 7-4　用 MC1496 集成电路构成的混频器

率也应跟着改变。因为乘法器（12 脚）输出的频率成分很多，经带通滤波器滤波后，只选出我们所需要的中频 2.5 MHz，其他频率成分被滤波器滤除掉了。图中三极管 9Q01 为射极跟随器，它的作用是提高本级带负载的能力。带通滤波器选出的中频信号经射极跟随器后由 9P04 输出，9TP04 为混频器输出测量点。

7.5 实 验 目 的

（1）了解晶体三极管混频器和集成电路构成的混频器的基本工作原理，掌握用 MC1496 来实现混频的方法。

（2）了解混频器的寄生干扰。

7.6 实 验 内 容

（1）用示波器观察混频器输入、输出信号波形。

（2）用频率计测量混频器输入、输出信号频率。

（3）用示波器观察输入信号波形为调幅波时的输出信号波形。

7.7 实 验 步 骤

1. 实验准备

将集成乘法器混频模块、晶体三极管混频模块、LC 振荡器与晶体振荡器模块插入实验箱底板，接通实验箱与所需各模块电源。

2. 中频频率的观测

1）晶体三极管混频器

将 LC 振荡器输出频率为 8.8 MHz 或利用晶体振荡器输出频率 8.8 MHz（幅度 $V_{P-P}>$ 1.5 V）的信号作为本实验的本振信号输入混频器的一个输入端（5P01），混频器的另一个输入端（5P02）接高频信号发生器的输出（6.3 MHz，$V_{P-P}=0.8$ V）。用示波器观测 5TP01、5TP02、5TP03，并用频率计测量其频率。计算各频率是否符合 $f_i=f_L-f_S$。当改变高频信号源的频率时，输出中频信号（5TP03）的波形作何变化，为什么？

2）集成乘法器混频器

将 LC 振荡器输出频率调整为 8.8 MHz 左右，或利用晶体振荡器输出频率 8.8 MHz、幅度 0.75 V 左右，作为本实验的本振信号，送入乘法器的一个输入端（9P01）。高频信号发生器输出频率调为 6.3 MHz，幅度峰—峰值 0.8 左右，作为射频信号输入到乘法的另一个输入端（9P02）。用示波器观测 9TP01、9TP02、9TP04 的波形，用频率计测量 9TP01、9TP02、9TP04 点的频率，并计算各频率是否符合。当改变高频信号源的频率时，输出中频信号（9TP04）的波形作何变化，为什么？

3. 射频信号为调幅波时混频的输出波形观测

将射频信号设置为调制信号为 1 kHz、载波频率为 6.3 MHz 的调幅波，作为本实验的射频输入，本振信号频率仍为 8.8 MHz，用示波器分别观察晶体三极管混频器和集成乘法器混频器输入、输出各点波形，特别注意观察晶体三极管 5TP02 和 5TP03 及集成乘法器混频 9TP02 和 9TP04 两点波形的包络是否一致。

7.8 实验报告

（1）根据观测结果，绘制所测各点波形图，并作分析。
（2）归纳并总结信号混频的过程。

7.9 知识要点与思考题

知识要点

（1）混频过程也是一种频谱搬移的过程，它是将载波为高频的已调信号搬移一个频率量得到载波为中频的已调信号并保持其调制规律不变。其工作原理与调幅十分相近，也是由两个不同频率的信号相乘后通过滤波器选频获得。

（2）常用的混频器电路有晶体三极管混频器（BJT 和 FET 组成）、二极管混频器、模拟相乘混频器等，晶体二极管混频器采用线性时变参量电路分析，混频时将晶体管视为跨导随本振信号变化的线性参变元件。

（3）器件的非理想相乘特性会导致调幅和检波的失真，混频输出会产生干扰。

（4）混频器的干扰种类很多，主要包括组合频率干扰、副波道干扰、交叉调制、互相调制和阻塞干扰等，针对不同的干扰现象，可采取不同的方法进行克服。

思考题

（1）混频与调幅的差异？
（2）混频在通信电子线路起什么作用？

实验 8 频 率 调 制

8.1 频率调制的工作原理

使高频振荡的频率按调制信号作相应变化的调制方式叫频率调制，简称调频（FM）。调制后调频振荡称为调频波。通过频率调制来传递消息的通信方式称调频通信。

1. 调频及其数学表达式

设调制信号 $u_\Omega(t) = U_{\Omega m} \cos \Omega t$，载波信号 $u_c(t) = U_m \cos \omega_c t$。

调频时，载波高频振荡的瞬时角频率随调制信号 $u_\Omega(t)$ 呈线性变化，其比例系数为 K_f，即

$$\omega(t) = \omega_c + K_f u_\Omega(t) = \omega_c + \Delta\omega(t)$$

式中，ω_c 是载波角频率，也是调频信号的中心角频率；$\Delta\omega(t)$ 是由调制信号 $u_\Omega(t)$ 所引起的角频率偏移，称频偏或频移。$\Delta\omega(t)$ 与 $u_\Omega(t)$ 成正比，$\Delta\omega(t) = K_f u_\Omega(t)$。$\Delta\omega(t)$ 的最大值称为最大频偏，用 $\Delta\omega$ 表示：

$$\Delta\omega = |\Delta\omega(t)|_{max} = K_f |u_\Omega(t)|_{max}$$

单音频调制时，对于调频信号，它的 $\omega(t)$ 为：

$$\omega(t) = \omega_c + K_f U_{\Omega m} \cos \Omega t = \omega_c + \Delta\omega \cos \Omega t$$

由此就得到调频信号的数学表达式，即有：

$$u(t) = U_m \cos\left[\int(\omega_c + \Delta\omega \cos\Omega t)dt + \varphi\right] = U_m \cos\left(\omega_c t + \frac{\Delta\omega}{\Omega}\sin\Omega t + \varphi\right)$$

假定初相角 $\varphi = 0$，则得：

$$u(t) = U_m \cos\left(\omega_c t + \frac{\Delta\omega}{\Omega}\sin\Omega t\right)$$

式中，$\dfrac{\Delta\omega}{\Omega}$ 叫调频波的调制指数，以符号 m_f 表示，即

$$m_f = \frac{\Delta\omega}{\Omega}$$

m_f 是最大频偏 $\Delta\omega$ 与调制信号角频率 Ω 之比。m_f 值可以大于 1（这与调幅波不同，调幅指数 m_a 总是小于等于 1 的），所以调频波的数学表达式为：

$$u(t) = U_m \cos(\omega_c t + m_f \sin\Omega t + \varphi)$$

调频信号随调制信号的变化情况如图 8−1 所示。在调制电压的正半周，载波振荡频率随调制电压变化而高于载频，到调制电压的正峰值时，已调高频振荡角频率的最大值：$\omega_{max} = \omega_c + \Delta\omega$；在调制信号负半周，载波振荡频率随调制电压变化而低于载频，到调制电压负峰值时，已调高频振荡角频率的最小值：$\omega_{min} = \omega_c - \Delta\omega$。

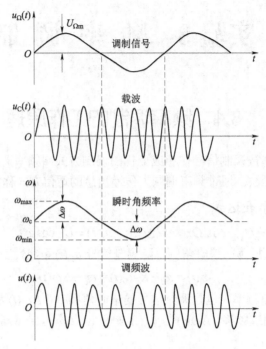

图 8-1　调频信号随调制信号的变化情况

2. 调频波的频谱

上述频调波的频谱分析是非常复杂的，需用复杂的数学工具，这里只给出结论。

当 $m_f \ll 1$ 时，调频波的频谱和调幅波一样，也是由载频 f_0 和一对边频 ($f_0 + F$ 和 $f_0 - F$) 组成，如图 8-2 (a) 所示。但下边频的相位和上边频的相位差 180°。如果调制信号是一个频带，则上、下边频就成了上、下边带。

当 m_f 逐渐增大，边频数也逐步增大，实际上包含载频和无数对边频。如果把调制前载波振幅 I_{cm} 的 15% 以上的边频作为有效边频，有效边频所占的频带宽度称为有效频带宽度 BW，则当 $m_f > 2$ 时（这时为宽带调频），BW $\approx 2m_f F \approx 2\Delta f_{max}$，图 8-2 (b) 画出了 $m_f = 3$ 时调频波的振幅频谱。

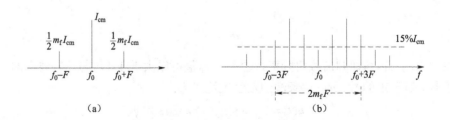

图 8-2　调频波的频谱结构

总之，调频波的频谱成分在理论上有无穷多，所以频率调制是一种非线性调制。

3. 调频信号的产生

1）调频方法

调频就是用调制电压去控制载波的频率。调频的方法和电路很多，最常用的可分为两大类：直接调频法和间接调频法。

直接调频法就是用调制电压直接去控制载频振荡器的频率，以产生调频信号。例如，被控电路是 LC 振荡器，那么，它的振荡频率主要由振荡回路电感 L 与电容 C 的数值来决定，若在振荡回路中加入可变电抗，并用低频调制信号去控制可变电抗的参数，即可产生振荡频率随调制信号变化的调频波。在实际电路中，可变电抗元件的类型有许多种，如变容二极管、电抗管等。

间接调频法就是保持振荡器的频率不变，而用调制电压去改变载波输出的相位，这实际上是调相。由于调相和调频有一定的内在联系，所以只要附加一个简单的变换网络，就可以从调相获得调频。所以间接调频，就是先进行调相，再由调相变为调频。

目前采用最多的是变容二极管直接调频法，下面主要介绍这种方法。

2）变容二极管的特性

变容二极管是利用半导体 PN 结的结电容随外加反向电压而变化这一特性所制成的一种半导体二极管。它是一种电压控制可变电抗元件。

变容二极管的符号如图 8-3（a）所示，其串联和并联的等效电路如图 8-3（b）所示。图中，C_4 代表二极管的电容；$R_{串}$ 代表串联或并联的等效损耗电阻。由于二极管正常工作于反向状态，其损耗很小。

变容二极管与普通二极管相比，所不同的是在反向电压作用下的结电容变化较大。

变容二极管的电容 C 随着所加的反向偏压 U 而变化，其特性曲线如图 8-4 所示。

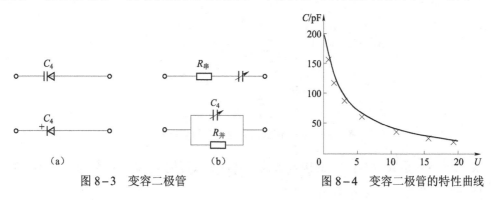

图 8-3　变容二极管　　　　　　　图 8-4　变容二极管的特性曲线

由图 8-4 可知，反偏压越大，则电容越小。这种特性可表示为：

$$C = A(U - U')^{-n}$$

式中，A 为常数，它取决于变容二极管所用半导体的介电常数、杂质浓度和结的类型；U' 为 PN 结势垒电压，一般在 0.7 V 左右；U 为外加反偏压；n 为电容变化系数，它的数值取决于结的类型：对于缓变结，$n \approx \frac{1}{3}$；对于突变结，$n \approx \frac{1}{2}$；对于超突变结，$n > \frac{1}{2}$。n 是变容二极管的主要参数之一，n 值越大，电容变化量随偏压变化越显著。

3）变容二极管的调频电路

某发信机的调频电路如图 8-5 所示，其中，虚线框部分为共基极的西勒振荡器，图中仅画出了交流等效电路。框外部分为变容二极管调频器。下面就来讨论其工作原理。

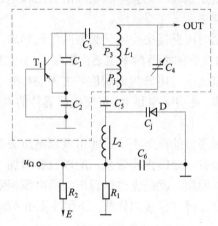

图 8-5　某发信机的调频电路

直流电压 E 通过 R_1、R_2 分压后，经高频扼流圈 L_2 加到变容二极管 D 的负端，D 的正端接地。这样 D 就得到了反向偏置。L_2 对高频起扼流作用，对直流和低频可认为短路。C_6 为高频旁路电容，话音调制电压 u_Ω 经 L_2 也加到 D 的两端，使 D 的结电容随 u_Ω 而变。L_2 和 C_6 防止高频电流流向 R_1、R_2、电源 E 和低频信号源 u_Ω。

下面来分析振荡器的频率（或频偏）和调制信号的关系。通常 $C_5 \gg C_j$，$C_3 \ll C_1$，$C_3 \ll C_2$，C_j 为变容二极管的电容，因此，C_5、C_1、C_2 均可忽略，图 8-5 中振荡回路可简化为图 8-6。

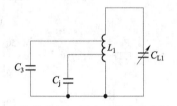

图 8-6　某发信机调频电路的简化电路（一）

设 C_3 的接入系数为 p_3，C_j 的接入系数为 p_j，那么可把 C_3 和 C_j 折合到 L_1 两端，回路可进一步简化成图 8-7。

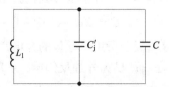

图 8-7　某发信机调频电路的简化电路（二）

图中，$C = p_3^2 C_3 + C_4$，$C_j' = p_j^2 C_j$，因而振荡器的振荡角频率为：

$$\omega = \frac{1}{\sqrt{L_1(C + C_j')}} = \frac{1}{\sqrt{(p_3^2 C_3 + C_4 + p_j^2 C_j)L}}$$

在进行调频时，C_j 将随调制信号 u_Ω 而变，因而 ω 也将随之而变，如图 8-8 所示。

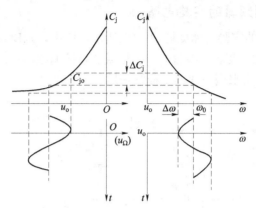

图 8-8　C_j 随调制信号 u_Ω 的变化及相应的输出频率 ω 的变化

图中，ω-C_j 曲线是根据上述公式在 C_3、C_4、p_3、p_j 一定时绘出的。当 u_Ω 按余弦规律变化时，C_j 也在 C_{jo} 基础上作相应变化，通过 ω-C_j 曲线，可求得 ω 随 u_Ω 作相应变化的曲线。可以证明，在工作点（即 $u_\Omega = u_o$）附近的区域内，ω 和 u_Ω 呈线性关系，因而 ω 也按余弦规律变化，即

$$\omega = \omega_0 + K u_\Omega = \omega_0 + K U_{\Omega m} \cos \Omega t$$

式中，K 为一常数。

上式表明已正确实现了调频。当 $U_{\Omega m}$ 很大时，$\Delta \omega$ 与 Δu 就不能保持线性关系，一般 $U_{\Omega m}$ 不能过大，m_f 为 1~2，带宽在 20 kHz 左右。变容二极管不能出现正向导通，否则，其很小的正向内阻将使回路 Q 值大大降低，影响振荡器的稳定。

根据上面的分析，可以画出 Δf-Δu 关系曲线即调制特性，如图 8-9 所示。当 Δu 较小时为直线。当 Δu 较大时，则出现弯曲。曲线的斜率即 $\dfrac{\Delta f}{\Delta u}$，表示调制电压对振荡频率的控制能力，叫做控制灵敏度。显然，我们希望控制灵敏度高一些。

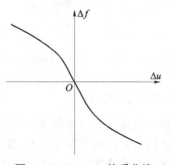

图 8-9　Δf-Δu 关系曲线

变容二极管调频法的主要缺点是中心频率不稳。这一方面是由于振荡器本身是 LC 振荡器，稳定度不高，另一方面变容二极管的电容 C_j 受外界的影响比较大。

8.2   频率调制的实验电路

1. 变容二极管调频器的实验电路

变容二极管调频器的实验电路如图 8-10 所示。图中，12BG01 本身为电容三端式振荡器，它与 12D01、12D02（变容二极管）一起组成了直接调频器；12BG03 为放大器，12BG04 为射极跟随器；12W01 用来调节变容二极管偏压。

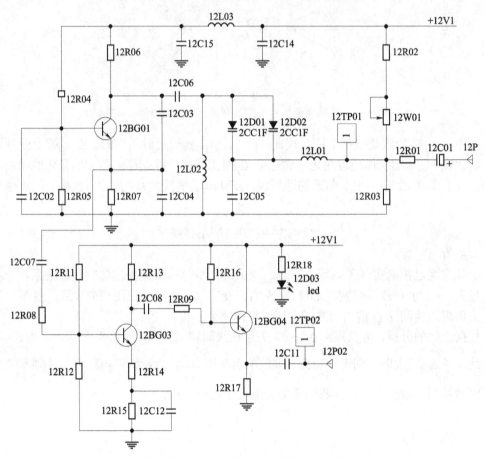

图 8-10   变容二极管调频器的实验电路

2. 变容二极管调频器的工作原理

由图 8-10 可见，加到变容二极管上的直流偏置电压就是 + 12 V 经由 12R02、12W01 和 12R03 分压后，从 12R03 得到的电压，因而调节 12W01 即可调整偏压。由图可见，该调频器本质上是一个电容三端式振荡器（共基接法），由于电容 12C05 对高频短路，因此变容二极管实际上与 12L02 相并。调整电位器 12W01，可改变变容二极管的偏压，也即改变了变容二极管的容量，从而改变其振荡频率。因此变容二极管起着可变电容的作用。

对输入音频信号而言，12L01 短路，12C05 开路，从而音频信号可加到变容二极管 12D01

和 12D01 上。当变容二极管加有音频信号时，其等效电容按音频规律变化，因而振荡频率也按音频规律变化，从而达到了调频的目的。

8.3 实 验 目 的

（1）熟悉电子元器件和高频电子线路实验系统。
（2）掌握用变容二极管调频振荡器实现 FM 的方法。
（3）理解静态调制特性、动态调制特性概念和测试方法。

8.4 实 验 内 容

（1）用示波器观察调频器输出信号波形，考察各种因素对于调频器输出信号波形的影响。
（2）变容二极管调频器静态调制特性测量。
（3）变容二极管调频器动态调制特性测量。

8.5 实 验 步 骤

1. 实验准备

在实验箱主板上插上变容二极管调频模块、斜率鉴频与相位鉴频模块，按下 12K01，此时变容二极管调频模块电源指示灯点亮。

2. 静态调制特性测量

输入端先不接音频信号，将示波器接到调频器单元的 12TP02。将频率计接到调频输出端（12P02），用万用表测量 12TP01 点电位值，按表 8-1 所给的电压值调节电位器 12W01，使12TP01 点电位在 1.65~9.5V 范围内变化，并把相应的频率值填入表 8-1。

表 8-1 实验测试数据

V_{12P01}/V	1.65	2	3	4	5	6	7	8	9	9.5
F_0/MHz										

3. 动态调制特性测量

（1）将斜率鉴频与相位鉴频模块（简称鉴频器单元）中的 +12 V 电源接通（按下 13K01开关，相应指示灯亮），从而鉴频器工作于正常状态。
（2）调整 12W01 使得变容二极管调频器输出信号频率 $f_0 = 6.3$MHz 左右。
（3）以实验箱上的低频信号源作为音频调制信号，输出频率 $f = 1$ kHz、峰—峰值 $V_{P-P} = 300$ mV（用示波器监测）的正弦波。
（4）把实验箱上的低频信号源输出的音频调制信号加入调频器单元的音频输入端 12P01，

便可在调频器单元的 12TP02 端上观察到 FM 波。

　　用示波器观察到的调频波形如图 8-11 所示。

12TP02端的调频波

图 8-11　用示波器观察到的调频波形

　　（5）把调频器单元的调频输出端 12P02 连接到鉴频器单元的输入端 13P01，并将鉴频器单元的开关 13K02 拨向相位鉴频，便可在鉴频器单元的输出端 13P02 上观察到经解调后的音频信号。如果没有波形或波形不好，应调节 12W01 和 13W01。

　　（6）将示波器 CH1 接调制信号源（可接在调制模块中的 12TP03 上），CH2 接鉴频输出端 13TP03，比较两个波形有何不同。改变调制信号源的幅度，观测鉴频器解调输出信号有何变化。调整调制信号源的频率，观测鉴频器输出信号波形的变化。

8.6　实　验　报　告

　　（1）根据实验数据，在坐标纸上画出静态调制特性曲线，说明曲线斜率受哪些因素影响。

　　（2）说明调节 12W01 对于调频器工作的影响。

　　（3）总结由本实验所获得的体会。

8.7　知识要点与思考题

 知识要点

　　（1）角度调制是指载波的总相角随调制信号的变化，它分为调频和调相。调频波的瞬时频率随调制信号线性变化，调相波的瞬时相位随调制信号线性变化。调角波的频谱不是调制信号频谱的线性搬移，而是产生了无数个组合频率分量，其频谱结构与调制指数 m_f 有关，这一点与调幅是不同的。

　　（2）角度调制信号包含的频谱虽然是无限宽，但其能量集中在中心频率 f_0 附近的一个有限频段内。略去小于未调高频载波振幅 10% 以下的边频，可认为调角信号占据的有效带宽 BW $= 2(\Delta f_m + F_{max})$。其中，$\Delta f_m$ 为频偏；F_{max} 为调制信号最高频率。

　　（3）调相波的调制指数可用 m_p 表示，但调频波的 m_f 与调制频率 F 成反比，而调相波的 m_p 则与调制频率 F 无关。调频波的频带宽度与调制信号频率无关近似为恒带调制，调相波的频带宽度随调制信号的频率而变化。

　　（4）调角波的平均功率与调制前的等幅载波功率相等。调制的作用仅是将原来的载频功率重新分配到各个边频上而总的功率不变。

思考题

（1）请正确写出 FM 和 PM 信号的表达式。

（2）什么是调相和调频指数？在单音调制时，FM 和 PM 信号的带宽是多少？最大频偏和调制指数是多少？

实验 9 调频波的解调

9.1 调频波解调的工作原理

1. 调频波解调的方法

从调频波中取出原来的调制信号，称为频率检波，又称鉴频。完成鉴频功能的电路称为鉴频器。

在调频波中，调制信号包含在高频振荡频率的变化量中，所以调频波的解调任务就是要求鉴频器输出信号与输入调频波的瞬时频移呈线性关系。

鉴频器实际上包含两个部分：第一部分是借助谐振电路将等幅的调频波转换成幅度随瞬时频率变化的调幅调频波；第二部分是用二极管检波器进行幅度检波，以还原出调制信号。

由于信号的最后检出还是利用高频振幅的变化，这就要求输入的调频波本身"干净"，不带有寄生调幅。否则，这些寄生调幅将混在一起进行转换。

斜率鉴频器是由单谐振回路和晶体二极管包络检波器组成，如图 9-1 所示。其谐振电路不是调谐于调频波的载波频率，而是比它高或低一些，形成一定的失谐。由于这种鉴频器是利用并联 LC 回路幅频特性的倾斜部分将调频波变换成调幅调频波，故通常称它为斜率鉴频器。

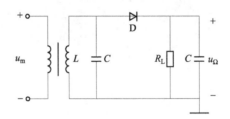

图 9-1 斜率鉴频器电路

在实际调整时，为了获得线性的鉴频特性曲线，总是使输入调频波的中心频率处于谐振特性曲线中接近直线段的中点，如图 9-2 所示 M（或 M'）点。这样，谐振电路电压幅度的变化将与频率呈线性关系，这样就可将调频波转换成调幅调频波。再通过二极管对调幅波的检波，便可得到调制信号 u_Ω。

斜率鉴频器的性能在很大程度上取决于谐振电路的品质因数 Q。两种不同 Q 值的曲线如图 9-2 所示。由图可见，如果 Q 低，则谐振曲线倾斜部分的线性较好，在调频转换为调幅调频过程中失真小。但是，转换后的调幅调频波幅度变化小，对于一定频移而言，所检得的低频电压也小，即"鉴频灵敏度"低。反之，如果 Q 高，则鉴频灵敏度可提高，但谐振曲线的线性范围变窄。当调频波的频偏大时，失真较大。图9-2（b）中曲线①和②为上述两种情况的对比。

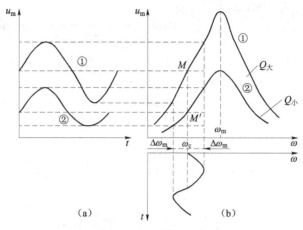

图9-2　斜率鉴频器的工作原理

应该指出，该电路的线性范围与灵敏度都是不理想的。所以斜率鉴频器一般用于质量要求不高的简易接收机中。

2. 调频制和调幅制的比较

与调幅制相比，调频制有许多优点。严格的分析需要进行繁琐的数学推导，在这里我们直接讲述几点结论。

（1）当调频指数 m_f 较大（比如 $m_f > 3$）时，调频制的抗干扰及噪声性能比调幅制强得多。

（2）调频制的解调信号音质比调幅制好得多。

（3）调频制的缺点是信号频带较宽，因此只适合超短波波段。

9.2　调频波解调的实验电路

斜率鉴频与相位鉴频器的实验电路如图9　3所示。图中，13K02开关拨向"1"和"4"时为斜率鉴频；13Q01用来对FM波进行放大，13C2、13L02为频率振幅转换网络，其中心频率为6.3 MHz左右；13D03为包络检波二极管；13TP01、13TP03为输入、输出测量点。

当开关13K02拨向"3"和"6"时为相位鉴频器，相位鉴频器由频相转换电路和鉴相器两部分组成。输入的调频信号加到放大器 13Q01 的基极上。放大管的负载是频相转换电路，该电路是通过电容 13C3 耦合的双调谐回路。初级和次级都调谐在中心频率 $f_0 = 6.3$ MHz 上。初级回路电压 u_1 直接加到次级回路中的串联电容13C04、13C05的中心点上作为鉴相器的参考电压；同时，u_1 又经电容13C3耦合到次级回路，作为鉴相器的输入电压，即加在13L02两端，用 u_2 表示。鉴相器采用两个并联二极管检波电路。检波后的低频信号经 RC 滤波器输出。

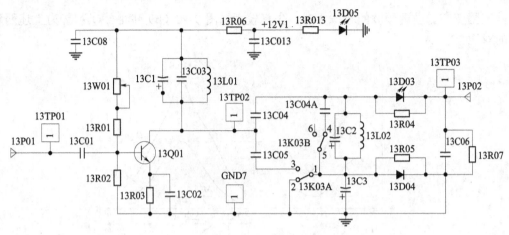

图 9-3   斜率鉴频与相位鉴频器的实验电路

9.3   实 验 目 的

（1）了解调频波产生和解调的全过程及整机调试方法，建立起调频系统的初步概念。

（2）了解斜率鉴频与相位鉴频器的工作原理。

（3）熟悉初级回路电容、次级回路电容、耦合电容对于电容耦合回路相位鉴频器工作的影响。

9.4   实 验 内 容

（1）调频－鉴频过程观察：用示波器观测调频器输入、输出信号波形，鉴频器输入、输出信号波形。

（2）观察初级回路电容、次级回路电容、耦合电容变化对 FM 波解调的影响。

9.5   实 验 步 骤

1．实验准备

插装好斜率鉴频与相位鉴频、变容二极管调频器模块，接通电源，即可开始实验。

2．相位鉴频实验

（1）用实验 8 中的方法产生 FM 波，即音频调制信号（频率为 1 kHz、电压峰—峰值 300 mV），将该信号加到 12P01 音频输入端，并将调频输出中心频率调至 6.3 MHz 左右，然后将其输出连接到鉴频单元的输入端 13P01，即用铆孔线将 12P02 与 13P01 相连。将鉴频器单元开关 13K02 拨向相位鉴频。

用示波器观察鉴频输出（13TP03）波形，此时可观察到频率为 1 kHz 的正弦波。如果没有波形或波形不好，应调整 12W01 和 13W01。建议采用示波器作双线观察，其 CH1 接调频器输入端 12TP03，CH2 接鉴频器输出端 13TP03，并作比较。

相位鉴频实验中实际观察到的波形如图9-4所示。

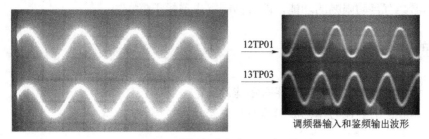

调频器输入和鉴频输出波形

图9-4 相位鉴频实验中实际观察到的波形

（2）若改变调制信号幅度，则鉴频器输出信号幅度亦会随之变大，但信号幅度过大时，输出信号波形将会出现失真。

（3）改变调制信号的频率，鉴频器输出信号频率应随之变化。将调制信号改成三角波和方波，再观察鉴频输出信号波形。

3. 斜率鉴频实验

（1）将鉴频单元开关13K02拨向斜率鉴频。

（2）信号连接和测试方法与相位鉴频完全相同，但音频调制信号幅度应增大到$V_{P-P} = 1\ V$。

9.6 实 验 报 告

（1）画出调频－鉴频系统正常工作时的调频器输入、输出信号波形和鉴频器输入、输出信号波形。

（2）总结由本实验所获得的体会。

9.7 知识要点与思考题

知识要点

（1）实现调频的方法有两类：直接调频；间接调频。

直接调频是用调制信号去控制振荡器中的可变电抗元件（通常是变容二极管），使其振荡频率随调制信号线性变化；间接调频是将调制信号积分后，再对高频载波进行调相，获得调频信号。

直接调频可获得较大的频偏，但中心频率的频率稳定度低；间接调频时中心频率的频率稳定度高，但难以获得较大的频偏，需采用多次倍频、混频加大频偏。

（2）调频波的解调称为鉴频或频率检波，调相波的解调称为鉴相或相位检波。与调幅波的检波一样，鉴频和鉴相也是从已调信号中还原出原调制信号。鉴频的主要方法有斜率鉴频器、相位鉴频器、比例鉴频器、相移乘法鉴频器和脉冲计数式鉴频器。前三种鉴频器的基本原理都是由实现波形变换的线性网络和实现频率变换的非线性电路组成，其中相位鉴频器和比例鉴频器则是利用耦合电路的相频特性将调频波变成调幅调频波，然后再进行振幅检波。比例鉴频器具有自动限幅的功能，能够抑制寄生调幅干扰。

 思考题

（1）调频波解调常采用的电路有哪些形式？

（2）调频波的解调与调幅波的检波有何差异？

实验 10　锁相环路与频率合成器

10.1　概　　述

锁相环路是一个相位误差控制系统，是将参考信号与输出信号之间的相位进行比较，产生相位误差电压来调整输出信号的相位，以达到参考信号同频的目的。

10.2　锁相环的构成及工作原理

1. 锁相环的基本组成

基本的锁相环路是由鉴相器（Phase Detector，PD）、环路滤波器（Loop Filter，LF）和压控振荡器（Voltage Control Oscillator，VCO）三个部分组成，如图 10 – 1 所示。

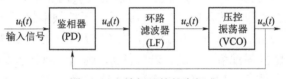

图 10 – 1　锁相环的基本组成

鉴相器是相位比较装置，用来比较输入信号 $u_i(t)$ 与压控振荡器输出信号 $u_o(t)$ 的相位，它的输出电压 $u_d(t)$ 是对应于这两个信号相位差的函数。

环路滤波器的作用是滤除 $u_d(t)$ 中的高频分量及噪声，以保证环路所要求的性能。

压控振荡器 VCO 受环路滤波器输出电压 $u_c(t)$ 的控制，使振荡频率向输入信号的频率靠拢，直至二者的频率相同，使得 VCO 输出信号的相位和输入信号的相位保持某种特定的关系，达到相位锁定的目的。

2. 锁相环的基本原理

设输入信号 $u_i(t)$ 和本振信号（压控振荡器输出信号）$u_o(t)$ 分别是正弦信号和余弦信号，它们在鉴相器内进行比较，鉴相器的输出信号是一个与二者间的相位差成比例的电压 $u_d(t)$，一般把 $u_d(t)$ 称为误差电压。环路低通滤波器滤除鉴相器中的高频分量，然后把输出电压 $u_c(t)$ 加到 VCO 输入端，VCO 送出的本振信号频率随着输入电压的变化而变化。如果二者频率不一致，则鉴相器的输出将产生低频变化分量，并通过低通滤波器使 VCO 的频率发生变化。只要环路设计恰当，这种变化将使本振信号的频率与鉴相器输入信号的频率一致。最后，如果本振信号的频率和输入信号的频率完全一致，二者的相位差将保持某一恒定值，则鉴相器的输出信号将是一个恒定直流电压（高频分量忽略），环路低通滤波器的输出信号也是一个直流电压，VCO 的频率将停止变化，这时，环路处于"锁定状态"。

3. 环路的锁定、捕捉和跟踪

1）环路的锁定

当没有输入信号时，VCO 以自由振荡频率 ω_o 振荡。如果环路有一个输入信号 $u_i(t)$，那么开始时，输入信号频率总是不等于 VCO 的自由振荡频率，即 $\omega_i \neq \omega_o$。这时如果 ω_i 和 ω_o 相差不大，那么在适当范围内，鉴相器输出一误差电压，经环路滤波器变换后控制 VCO 的频率，可使其输出信号频率 ω_o 变化到接近 ω_i 直到相等，而且两个信号的相位差为 φ（常数），这叫环路锁定。

2）环路的捕捉

从信号的加入到环路锁定以前叫环路的捕捉过程。

3）环路的跟踪

环路锁定以后，当输入相位 φ_i 有一定变化时，鉴相器可鉴出 φ_i 与 φ_o 之差，产生一正比于这个相位差的电压，并反映相位差的极性，经过环路滤波器变换去控制 VCO 的频率，使 φ_o 改变，减少它与 φ_i 之差，直到保持 $\omega_i = \omega_o$，相位差为 φ，这一过程叫做环路跟踪过程。

4. 环路的同步带和捕捉带

设压控振荡器的自由振荡频率与输入的基准信号频率相差较远，这时环路未处于锁定状态。随着基准频率 f_i 向压控振荡频率 f_o 靠拢（或反之使 f_o 向 f_i 靠拢）并达到某一频率，如 f_1，这时环路进入锁定状态，即系统入锁。一旦入锁后，压控频率就等于基准频率，且 f_o 随 f_i 而变化，这就称为跟踪。这时，若再继续增加 f_i，当 $f_i > f_2'$ 时，压控振荡频率 f_o 不再受 f_i 的牵引而失锁，又回到其自由振荡频率。反之，若降低 f_i，则当 f_i 回到 f_2' 时，环路并不入锁，只有当 f_i 降低到一个更低的频率 f_2 时，环路才重新入锁。这时，如果继续降低 f_i，f_o 也有一段跟踪 f_i 的范围，直到 f_i 降到一个低于 f_1 的频率 f_1' 时，环路才失锁。而反之，又要在 f_1 处才入锁。将 $f_1 \sim f_2$ 之间的范围称为环路的捕捉带，而 $f_1' \sim f_2'$ 之间的范围则称为同步带，如图 10-2 所示。

图 10-2　环路的同步带和捕捉带

10.3　频率合成器

频率合成技术是现代通信对频率源的频率稳定、准确度、频率纯度及频带利用率提出越来越高要求的产物。它能够利用一个高稳标准频率源（如晶体振荡器）合成出大量具有同样性能的离散频率。

利用锁相环可以构成频率合成器，其原理框图如图 10-3 所示。输入信号频率 f_i 经固定分频（M 分频）后得到基准频率 f_1，把它输入到相位比较器的一端，VCO 输出信号经可预制分频器（N 分频）后输入到相位比较器的另一端，这两个信号进行比较，当锁相环锁定后得到：

$$\frac{f_i}{M} = \frac{f_2}{N}, \ f_2 = \frac{N}{M}f_i = Nf_1$$

当 N 变化时，输出信号的频率响应跟随输入信号变化。

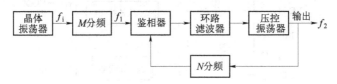

图 10 – 3　锁相环频率合成器原理框图

显然，只要改变分频比 N，即可达到改变输出信号频率 f_2 的目的，从而实现了由 f_1 合成 f_2 的任务。这样，只要输入一个固定参考频率 f_i，即可得到一系列所需要的频率。在该电路中，输出信号频率点间隔 $\Delta f = f_i$，选择不同 f_1，可以获得不同 f_i 的频率间隔。

10.4　锁相环路与频率合成器的实验电路

1. 4046 锁相环芯片介绍

4046 锁相环逻辑框图如图 10–4 所示。外引线排列引脚功能简要介绍如下。

第 1 引脚（PD03）：相位比较器 2 输出的相位差信号，为上升沿控制逻辑。

第 2 引脚（PD01）：相位比较器 1 输出的相位差信号，它采用异或门结构，即鉴相特性为 PD01 = PD11⊕PD12

第 3 引脚（PD12）：相位比较器输入信号，通常 PD 为来自 VCO 的参考信号。

第 4 引脚（VCO0）：压控振荡器的输出信号。

第 5 引脚（INH）：控制信号输入，若 INH 为低电平，则允许 VCO 工作和源极跟随器输出：若 INH 为高电平，则相反，电路将处于功耗状态。

第 6 引脚（C1）：与第 7 引脚之间接一电容，以控制 VCO 的振荡频率。

第 7 引脚（C1）：与第 6 引脚之间接一电容，以控制 VCO 的振荡频率。

第 8 引脚（GND）：接地。

第 9 引脚（VCO1）：压控振荡器的输入信号。

第 10 引脚（SF0）：源极跟随器输出。

第 11 引脚（R1）：外接电阻至地，分别控制 VCO 的最高和最低振荡频率。

第 12 引脚（R2）：外接电阻至地，分别控制 VCO 的最高和最低振荡频率。

第 13 引脚（PD02）：相位比较器输出的三态相位差信号，它采用 PD11、PD12 上升沿控制逻辑。

第 14 引脚（PD11）：相位比较器输入信号，PD11 输入允许将 0.1 V 左右的小信号或方波信号在内部放大并再经过整形电路后，输出至相位比较器。

第 15 引脚（V1）：内部独立的稳压二极管负极，其稳压值 $V \approx 5 \sim 8$ V，若与 TTL 电路匹配时，可以用来作为辅助电源用。

第 16 引脚（VDD）：正电源，通常选 +5 V，或 +10 V，+15 V。

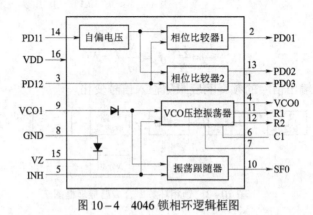

图 10-4   4046 锁相环逻辑框图

2. 4046 锁相环组成的频率调制器与频率合成器实验电路

4046 锁相环组成的频率调制器与频率合成器实验电路如图 10-5 所示。

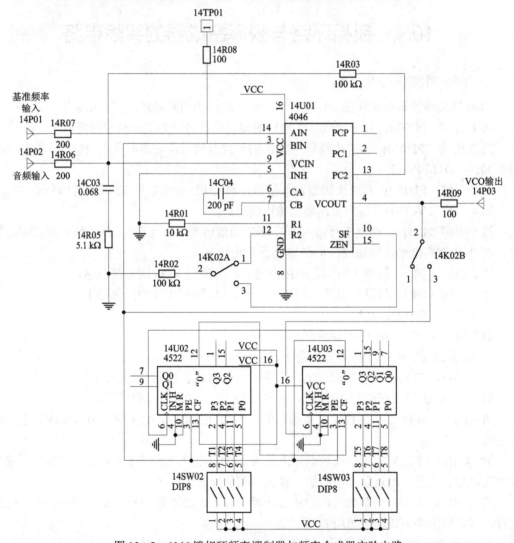

图 10-5   4046 锁相环频率调制器与频率合成器实验电路

1) 频率调制器

在图 10-5 中，将开关 14K02 拨向"1"时，4046 锁相环构成频率调制器。图中，14P01 为外加输入信号连接点，用于测试 4046 锁相环同步带、捕捉带；14R03、14C03 和 14R05 构成环路滤波器；14P02 为音频调制信号输入口，调制信号由 14P02 输入，通过 4046 的第 9 脚控制其 VCO 的振荡频率。由于此时的控制电压为音频信号，因此 VCO 的振荡频率也会按照音频的规律变化，即达到了调频。调频信号由 14P03 输出。由于振荡器输出的是方波，因此本实验输出的是调频非正弦波。

2) 频率合成器

在图 10-5 中，将开关 14K02 拨向"3"时，电路变为频率合成器。频率合成器是在锁相环的基础上增加了一个可变分频器。图中，由 14U02（MC14522）、14U03（MS14522）构成二级可预置分频器，14U02、14U03 分别对应着总分频比 N 的十位、个位分频器。模块上的两个 4 位红色拨动开关 14SW02、14SW03 分别控制十位数、个位数的分频比，它们以 8421BCD 码形式输入。拨动开关往上拨为"1"，往下拨为"0"。使用时按所需分频比 N 预置好 14SW02、14SW03 的输入数据。例如，$N=7$ 时，14SW02 置"0000"，14W03 置"0111"；$N=17$ 时，14SW02 置"0001"，14SW03 置"0111"。但是应当注意，当 14SW03 置"1111"时，个位分频比 $N_1=15$，当 14SW02 置"0001"时，总分频比 $N=25$。因此为了计算方便，建议个位分频比的预置不要超过 9。

当程序分频器的分频比 N 置成"1"，也就是把 14SW02 置"0000"，14SW03 置成"0001"时，该电路就是一个基本锁相环电路。当二级程序分频器的 N 值可由外部输入进行编程控制时，该电路就是一个锁相式数字频率合成器电路。

14P01 为外加基准频率输入铆孔，14TP01 为相位比较器输入信号测试点，也是分频器输出信号测试点。14P03 为 VCO 压控振荡器的输出信号铆孔。

10.5 实 验 目 的

（1）熟悉 4046 单片集成电路的组成和应用，加深锁相环基本工作原理的理解。

（2）掌握用 4046 集成电路实现频率调制的原理和方法。

（3）了解频率合成的概念及实现方法。

（4）掌握锁相环同步带和捕捉带的测量方法。

10.6 实 验 内 容

（1）不接调制信号时，观测调频器输出信号波形，并测量其频率。

（2）测量锁相环的同步带和捕捉带。

（3）输入调制信号为正弦波时的调频方波的观测。

（4）输入调制信号为方波时的调频方波的观测。

（5）频率合成器和锁相环的测量。

10.7 实 验 步 骤

1. 实验准备

插装好锁相、频率合成、调频模块，接通电源，即可开始实验。

2. 观察调频波形（14K02、14K03 置"频率调制"，14SW02、14SW03 开关全部往下拨）

（1）将实验箱上低频信号源输出的正弦波（频率 $F=4\ \text{kHz}$，$V_{\text{P-P}}=4\ \text{V}$）作为调制信号加入本实验模块的输入端 14P02，用示波器观察输出的调频方波信号（14P03）。在观察调频方波时，可调整音频调制信号的幅度，电压幅值由零慢慢增加时，调频输出波形由清晰慢慢变模糊，或出现波形疏密不一致，才表明是调频。

（2）将低频信号源输出的方波（频率 $f=1\ \text{kHz}$）作为调制信号，用示波器再作观察和记录。

3. 同步带和捕捉带的测量（14K02 置"频率调制"、14K03 置"频率合成"，14SW02 置"0000"、14SW03 置"0000"，往上拨为"1"，往下拨为"0"）

做此项实验时需要几百千赫兹的函数发生器，以产生所需的外加基准频率（方波）。连接方法如下：双踪示波器 CH1 接 14P03，CH2 接 14P01，外加基准信号接 14P01。

首先调整外加基准频率 f_i，（$f_i=100\ \text{kHz}$ 左右），使环路处于锁定状态，即 14P03 与 14P01 的波形完全一致。然后慢慢减小基准频率，用双踪示波器仔细观察相位比较器输入（14P01）和输出（14P03）信号之间的关系。当两信号波形不一致时，表示环路已失锁，此时基准频率 f_i 就是环路同步带的下限频率 f_1'；慢慢增加基准频率 f_i，当发现两输入信号由不同步变为同步且 $f_i=f_0$ 时，表示环路已进入到锁定状态，此时 f_i 就是捕捉带的下限频率 f_1，再继续增加 f_i，压控振荡器 f_0 将随 f_i 而变。但当 f_i 增加到 f_2' 时，f_0 不再随 f_i 而变，这个 f_2' 就是环路同步带的上限频率。然后再逐步降低 f_i，直至环路锁定，此时 f_i 就是捕捉带的最高频率 f_2，从而可求出，捕捉带 $\Delta f=f_2-f_1$，同步带 $\Delta f'=f_2'-f_1'$，如图 10-6 所示。

图 10-6　同步带与捕捉带

4. 频率合成器测量（14K02、14K03 置"频率合成"）

1）外加基准信号的设置

将底板低频信号源设置为方波（由 P102 输出），频率 $f=2\ \text{kHz}$，将该信号作为外加基准信号（或参考信号）。

2）信号线连接

将底板 P102（低频信号输出）与 14P01（基准频率输入）相连。

3）锁相环锁定测试

将 14SW02 置"0000"，14SW03 置"0001"（往上拨为"1"，往下拨为"0"），则程序分频器分频比 $N=1$。双踪示波器探头分别接 14P01、14TP01，若两个信号波形一致，则表示锁相环锁定。

4）数字频率合成器及频率调节

将双踪示波器探头分别接至 14P01（基准频率输入）、14P03（VCO 输出），改变程序分频器的分频比，使 N 分别等于 2、3、5、10 和 20，在此情况下，若 14P01、14P03 两个信号波形同步，则表示锁相环锁定。并用示波器观察波形，或用频率计测量 14P03 处的信号频率，它应等于输入信号频率的 N 倍。（锁相环锁定时，$f_R = f_N$，即 14P01 和 14TP01 两点的频率应相同，但两个信号波形的占空比不一定相同。只有 $N=1$ 时占空比相同）。

分频比为 3 和 7 时的信号波形如图 10－7 所示。

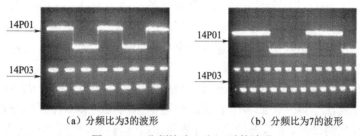

（a）分频比为3的波形　　　　（b）分频比为7的波形

图 10－7　分频比为 3 和 7 时的波形

5）测量并观察最小分频比与最大分频比

锁相环有一个捕捉带宽，当超过这个带宽时，锁相环就会失锁。本模块最小锁定频率约 800 Hz，最大输出频率 f_{vmax} 约等于 350 kHz。因此，外加基准频率应大于 800 Hz。当 Nf_R 大于 350 kHz 时，锁相环将失锁。最大分频比的测量与输入的参考频率 f_R 有关。

测出 $f_R=2$ kHz 和 $f_R=4$ kHz 的最大分频比。其方法是：改变程序分频器的分频比，使它不断增大，若 14P01、14P03 两个信号波形仍然同步，则表示锁相环锁定，当两个信号波形不同步，即失馈时，此时的分频比为最大分频比 N。（最小分频比 $N=1$）。

10.8　实 验 报 告

（1）测量并计算锁相环同步带和捕捉带。

（2）大致画出正弦波和方波调制时的调频波，并说明调频的概念。

（3）测量当外加基准信号频率为 2 kHz 时，频率合成器输出的最高频率是多少？

10.9　知识要点与思考题

 知识要点

（1）锁相环路是一个能够跟踪输入信号相位变化，以消除频率误差为目的的闭环自动控制系统。

（2）锁相环环路 PLL 主要由鉴相器 PD、环路滤波器 LF 和电压控制振荡器 VCO 组成，主要介绍了频率牵引和相位锁定的工作原理。

（3）PLL 在无线电技术很多领域，如调制与解调、频率合成、数字同步系统等方面得到了广泛运用，已经成为现代模拟与数字通信系统中不可缺少的基本部件。

（4）鉴相器是一个相位比较装置，用来检测环路输入信号与反馈信号之间的相位差 $\theta_e(t)$。并将相位误差转换为误差电压 $u_d(t)$，$u_d(t)$ 是相差 $\theta_e(t)$ 的函数。

（5）环路滤波器是由线性电路组成的低通滤波器，在环路中是为了滤除误差电压中的高频成分和噪声，起到平滑 VCO 的控制电压 $u_c(t)$ 的作用，它对锁相环的瞬时响应、锁定时间、频率特性和稳定性等都有影响。所以它是锁相环中的一个重要部件。

（6）压控振荡器是一个电压—频率变换装置，在理想的情况下，压控振荡器的振荡频率应随输入控制电压 $u_c(t)$ 线性变化，即应有变换关系：$\omega_v = \omega_0 + K_c u_c(t)$。实际应用中的压控振荡器的控制特性只有有限的线性控制范围，超出这个范围之后控制灵敏度将会下降。

（7）锁相环路由起始时失锁状态进入锁定状态的过程，称为捕获过程。相应的，能够由失锁进入锁定所允许最大的 $\Delta\omega_f$ 称为捕获带，用 $\Delta\omega_p$ 表示。

（8）实现频率合成有各种不同的方法，但基本可以归纳为直接合成法与间接合成法。

（9）直接合成法是用一个或多个石英晶体振荡器的振荡频率作为基准频率，由于这些基准频率产生一系列的谐波，这些谐波具有石英晶体振荡器同样的频率稳定度和准确度；然后，从一系列的谐波中取出两个以上的频率进行组合，得出这些频率的或差，经过适当方式处理（如经过滤波）后，获得所需要的频率。

 思考题

（1）试说明锁相环路稳频和自动频率微调在工作原理上有哪些异同点？

（2）环路锁定时压控振荡器的输出信号频率和输入参考信号频率是什么关系？

（3）在鉴相器中比较的是何参量？

（4）频率合成器有哪些主要技术指标？

（5）吞脉冲频率合成器有何特点？为何它能保持频率间隔不变而可提高输出频率？

（6）锁相环路合成法根据哪些特点分为模拟式与数字式两大类？它们各有何优缺点？

实验 11 脉冲计数式鉴频器

11.1 脉冲计数式鉴频器的基本原理

脉冲计数式鉴频器是利用计过零点脉冲数目的方法实现的,所以叫做脉冲计数式鉴频器。它的突出优点是线性好、频带很宽,因此得到广泛应用,并可做成集成电路。

脉冲计数式鉴频器的基本原理是将调频波变换为重复频率等于调频波频率的等幅等宽脉冲序列,再经低通滤波器取出直流平均分量,其原理方框图和波形图如图 11 - 1、图 11 - 2 所示。

调频信号 u_1 经限幅加到形成级形成零点,这可采用施密特电路,形成级给出幅度相等、宽度不同的脉冲信号 u_2 去触发一级单稳态触发器,这里是用正脉冲沿触发,在触发脉冲作用下,单稳电路产生等幅等宽(宽度为 t_0)的脉冲序列 u_3。

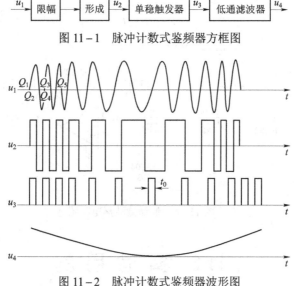

图 11 - 1　脉冲计数式鉴频器方框图

图 11 - 2　脉冲计数式鉴频器波形图

我们知道频率就是每秒内振动的次数,而单位时间内通过零点的数目正好反映了频率的高低。图 11 - 2 中曲线 Q_1,Q_2,Q_3,Q_4,　点都是过零点,其中 Q_1,Q_3,　点是调频信号从负到正,所以叫正过零点;而 Q_2,Q_4,　点是从正到负,所以叫负过零点。图 11 - 2 是以正过零点进行解调的(也可用负过零点进行解调)。从图中 u_1 和 u_3 的波形可看出,在单位时间内,矩形脉冲的个数直接反映了调频信号的频率,即矩形脉冲的重复频率与调频信号的瞬时频率相同。因此若对矩形脉冲计数,则单位时间内脉冲数的多少就反映了脉冲平均幅度的大小,在频率较高的地方,脉冲序列拥挤,直流分量较大;在频率较低的位置,脉冲序列稀疏,直流分量就很小。如果低通滤波器取出脉冲序列的平均直流成分,就能恢复低频调制信号 u_4。

11.2　脉冲计数式鉴频器的实验电路

由于 4046 锁相环组成的频率调制器其输出信号为调频方波，即图 11-1 中的"限幅"与"形成"已在调频电路中完成，因此本实验构成脉冲计数式鉴频器只需"单稳"和"低通"。图 11-3 为 555 芯片构成的单稳电路，15P01 为调频信号输入口，15P02 为单稳输出。图 11-4 为低通滤波器，15P03 为信号输入口，15P04 为滤波输出。

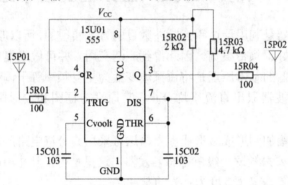

图 11-3　555 芯片构成的单稳电路图

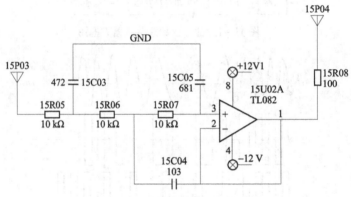

图 11-4　低通滤波器电路图

11.3　实　验　目　的

（1）加深脉冲计数式鉴频器工作原理的理解。
（2）了解 555 集成电路实现单稳的原理。
（3）掌握脉冲计数式鉴频器的测试方法。

11.4　实　验　步　骤

1. 实验准备

在实验箱主板上装上锁相、频率合成调频模块和滤波与计数鉴频模块，接通电源，即可开始实验。

2. 信号线连接

音频调制信号（2 kHz 正弦波）与调频输入（14P02）相连，调频输出（14P03）与单稳输入（15P01）相连，单稳输出（15P02）与低通滤波器输入（15P03）相连。

3. 调频信号的产生

按照实验 10 实验步骤中的 2 产生调频波。

4. 鉴频信号的观测

用示波器测量低通滤波器输出波形（即鉴频后的输出波形），该波形应与调制信号一致。但由于低通滤波器截止频率设置为 4 kHz，因此，低于 4 kHz 的调制信号其鉴频后的输出波形将产生失真，因为调制信号的谐波也可能通过低通滤波器。

11.5　实　验　报　告

（1）观察并记录解调后的波形。
（2）画出调频器和鉴频器构成系统通信的电路示意图。
（3）总结由本实验所获得的体会。

实验 12　自动增益控制

12.1　自动增益控制基本原理

接收机在接收来自不同电台的信号时，由于各电台的功率不同，与接收机的距离又远近不一，所以接收的信号强度变化范围很大。如果接收机增益不能控制，一方面不能保证接收机输出适当的声音强度，另一方面，在接收强信号时易引起晶体管过载，即产生大信号阻塞，甚至损坏晶体管或终端设备，因此，接收机需要有增益控制设备。常用的增益控制有人工和自动两种，本实验采用自动增益控制，简称 AGC。

为实现 AGC，首先要有一个随外来信号强度变化的电压，然后用这一电压去改变被控制级增益。这一控制电压可以从二极管检波器中获得，因为检波器输出中包含有直流成分，并且其大小与输入信号的载波大小成正比，而载波的大小代表了信号的强弱，所以在检波器之后接一个 RC 低通滤波器，就可获得直流成分。AGC 原理方框图如图 12-1 所示，这种反馈式调整系统也称闭环调整系统。

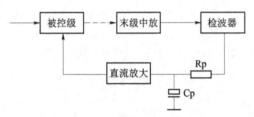

图 12-1　自动增益控制原理方框图

自动增益控制方式有很多种，一般常用以下三种：第一种，改变被控级晶体管的工作状态；第二种，改变晶体管的负载参数；第三种，改变级间回路的衰减量。

本实验采用第一种方式，其滤波和直流放大电路如图 12-2 所示。

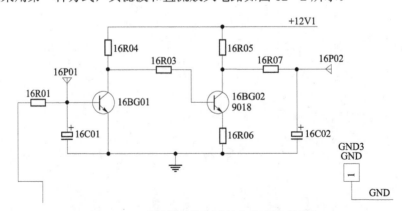

图 12-2　自动增益控制滤波和直流放大电路

按图中，16R01、16C01 和 16R07、16C02 为 RC 滤波电路；16BG01、16BG02 为直流放大器。当采用 AGC 时，16P02 应与中频放大器中的 7P03 相连，这样就构成了一个闭合系统。

下面我们分析自动增益控制的过程：当信号增大时，中频放大器输出电压幅度增大，使得检波器直流分量增大，自动增益控制（AGC）电路输出端 16P02 的直流电压增大。该控制电压加到中频放大器第一级的发射极 7P01，使得该级增益减小，这样就使输出信号基本保持平稳。

12.2　实　验　内　容

（1）不接 AGC，改变中频放大器输入信号幅度，用示波器观察中频放大器输出信号波形。
（2）接通 AGC，改变中频放大器输入信号幅度，用示波器观察中频放大器输出信号波形。
（3）改变中频放大器输入信号幅度，用三用表测量 AGC 电压变化情况。

12.3　实　验　步　骤

1. 实验准备

在实验箱主板上插上中频放大器模块、二极管检波与自动增益控制（AGC）模块，接通实验箱和各模块电源即可开始实验。

2. 控制电压的测试

高频信号源设置频率为 2.5 MHz，其输出与中频放大器的输入（7P01）相连，中频放大器输出与二极管检波器输入相连。

用万用表直流电压挡或示波器直流位测试 AGC 的控制电压输出（16P02），改变高频信号源的输出电压幅度，观察 AGC 控制电压的变化。可以看出当高频信号源电压幅度增大时，AGC 控制电压也增大。

3. 不接 AGC 时，输出信号的测试

在上述步骤 2 中，因为 AGC 输出没有与中频放大器相连，即没有构成闭环，所以 AGC 没有起控制作用。在上述状态中，用示波器测试中频放大器输出（7TP02）或检波器输入（10TP01）波形，可以看出，当增大高频信号源输出电压幅度时，中频放大器输出电压随之增大。

4. 接通 AGC 时，输出信号的测试

在步骤 2 的状态下，再将 AGC 模块输出 16P02 与中频放大器 7P03 相连，这样就构成了闭环，即 AGC 开始起作用。用示波器测试中频放大器输出（7TP02）或检波器输入（10TP01）波形。可以看出，当增大高频信号源输出电压幅度时（小于 100 mV），中频放大器输出电压也随着增大；当继续增大高频信号源电压幅度时，中频放大器输出电压幅度增加不明显。这说明 AGC 起到了控制作用。

12.4　实　验　报　告

（1）在实验中测出中频放大器输入信号多大幅度时，AGC 开始起控？

（2）AGC 电路中 RC 滤波的作用是什么？

（3）归纳总结 AGC 的控制过程。

12.5　知识要点与思考题

 知识要点

（1）自动增益控制（AGC）电路的作用是能根据输入信号电压的大小自动调整放大器的增益，使得放大器的输出电压在一定范围内变化。

（2）自动增益控制（AGC）电路是无线电接收设备中的重要电路，用来保证接收信号幅度的稳定。它一般由电平检测器（峰值检波电路）、低通滤波器、直流放大器、电压比较器、控制电压产生器和可控增益放大器组成。其中可控增益放大器是实现增益控制的关键。

（3）电平检测器的功能是检测出输出信号 u_o 的电平值，通常由振幅检波器实现，它的输出与输入信号电平呈线性关系，其输出电压为 $\eta_d u_i$（η_d 为线性系数）。

（4）控制电压产生器的功能是将误差电压 u_e 变换为适合可变增益放大器需要的控制电压 u_c，这种变换可以是电压幅度的放大或电压极性的变换。

（5）可控增益放大器的功能是在控制电压作用下能够改变放大器的增益。

（6）在给定输出信号幅值变化的范围内，容许输入信号振幅的变化越大，则表明 AGC 电路的动态范围越宽，性能越好。

 思考题

（1）自动增益控制电路控制的参数是什么？要达到的目的是什么？

（2）自动增益控制电路在接收机中的作用是什么？

（3）自动增益控制电路由哪几部分组成？

（4）自动增益控制电路的技术指标有哪些？

（5）简述延迟式 AGC 电路的原理？

（6）AGC 电路中的低通滤波器的作用是什么？

（7）自动增益控制电路如何实现自动控制？

实验 13 调幅发射与接收完整系统的联调

13.1 无线电通信概述

1. 无线电通信系统的组成

无线电通信的主要特点是利用电磁波在空间的传播来传递信息。例如,将一个地方的语音消息传送到另一个地方。这个任务是由无线电发射设备、无线电接收设备和发射天线、接收天线等来完成的。这些设备和传播的空间就构成了通常所说的无线电通信系统,传送语音消息的无线电系统组成图如图 13-1 所示。

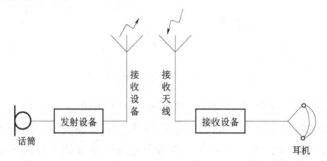

图 13-1 传送语音消息的无线电系统组成图

发射设备是无线电系统的重要组成部分,它是将电信号变换为适应于空间传播特性的信号的一种装置。它首先要产生频率较高并且具有一定功率的振荡。因为只有频率较高的振荡才能被天线有效地辐射,还需要有一定的功率才可能在空间建立一定强度的电磁场,并传播到较远的地方去。高频功率的产生通常是利用电子管或晶体管,把直流能量转换为高频能量,这是由高频振荡器和高频功率放大器完成的。

话筒就是最简单的转换设备,把消息转变成电信号,这种电信号的频率都比较低,不适合于直接从天线上辐射。因此,为了传递消息,就要使高频振荡的某一个参数随着上述电信号而变化,这个过程叫做调制。在无线电发射设备中,消息是加载在载波上而传送出去的。

接收设备的功能和发射设备相反,它是将经信道传播后接收到的信号恢复成与发送设备输入信号相一致的一种装置。

将接收天线架设在上述电磁波传播所能到达的地方,则通过电磁感应就会在接收天线上得到高频信号的感应电动势,并加到接收设备的输入端。由于接收天线同时处在其他电台所辐射的电磁场中,因此接收设备的首要任务是从所有信号中选择出需要的信号,而抑制不需要的信号。接收设备的另一个任务是将天线上接收到的微弱信号加以放大,放大到所需要的程度。接收设备的最后一个任务是把被放大的高频信号还原为原来的调制信号。例如,通过扬声器(喇叭)或耳机还原成原来的声音信号(语言或音乐)。

2. 发信机的组成

调幅发信机原理方框图如图 13-2 所示，图中发信机由主振器、幅度调制器、中间放大器、功率放大器和调制器组成，电源部分在图上没有画出来。

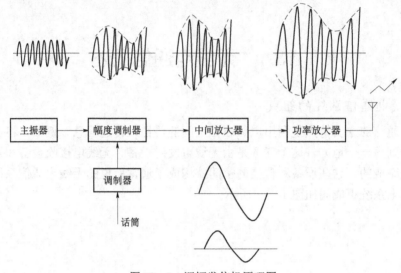

图 13-2　调幅发信机原理图

主振器是用来产生最初的高频振荡，通常振荡功率是很小的，由于整个发信机的频率稳定度由它决定，因此要求它具有准确而稳定的频率。幅度调制器是用来产生调幅波，即将调制信号调制到高频振荡频率上。中间放大器的作用是将幅度调制器输出的功率，放大到功率放大器输入端所要求的大小。功率放大器是发信机最后一级，它的主要作用是在激励信号的频率上，产生足够大的功率送到天线上去，同时滤除不需要的频率（高次谐波），以免造成对其他电台的干扰。调制器实际上就是低频放大器，它的作用是将语音或低频信号放大，供给幅度调制器进行调制所需的电压和功率。图上各处的信号波形反映了上述各部分的工作过程。

3. 接收机的组成

无线电信号的接收过程与发射过程相反，为了提高灵敏度和选择性，无线电接收设备目前都采用超外差式，其组成方框图 13-3 所示。

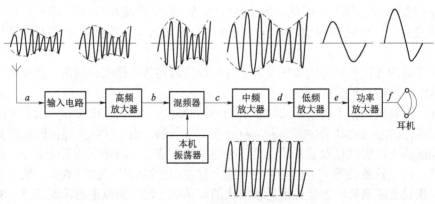

图 13-3　接收机组成方框图

超外差接收机各级的作用和工作物理过程如下。

由耦合谐振回路构成的"输入电路"，依靠它的选择性能把住收信机的"大门"，当许多各式各样的电磁波"敲"着收信机的大门时，收信机只选出它所需要的那一种电磁波，让它进来，而其他电磁波都拒之于门外，所以输入电路主要完成选择信号和传输信号。

被输入电路选出的有用信号馈送到高频放大器的输入端。高频放大器是由器件和谐振回路组成的，器件（如晶体管或电子管）具有放大信号的能力，而谐振回路具有进一步选择信号的能力，所以高频放大器同时担负着选择和放大信号的双重任务。

经过高频放大器放大了的信号馈送给混频器，同时由一个专门设置的本地振荡器也将高频能量馈送给混频器。按照需要，我们使信号频率始终和本地振荡器的频率相差一个固定的差值——中频，则经过混频器的非线性作用后就可产生一个新频率——中频。另外，高频放大器是在某一个波段工作的。例如，1.5~30 MHz，经过混频器的频率变换之后就变成频率固定不变而且较低的中频频率了，如 465 kHz，频率低而且固定，这样谐振回路的选择性能好了，同时放大能力也大大提高了，所以超外差收信机的性能很好。

中频放大器也叫频带放大器，它是由器件和耦合谐振电路共同组成的。对接收机的主要性能而言，中频放大器起着很重要的作用。到此为止，收信机基本完成了对信号的选择作用。

但是所收信号还是一些已调制的中频振荡信号，必须把加载在中频振荡上面的反映原调制的音频成分取出来，并滤除中频载波成分，这个任务是由检波器来完成的。

最后，将检波器输出的音频信号进行放大，达到足够的输出功率以推动耳机或扬声器发出声音为止。

上述就是超外差接收机的工作物理过程。图 13-3 上各点的信号波形也反映了各部分的工作过程。

13.2　调幅发送部分联试实验

1. 实验目的

（1）掌握模拟通信系统中调幅发射机组成原理，建立系统概念。
（2）掌握系统联调的方法，培养解决实际问题的能力。

2. 调幅发射机连接图

调幅发射机连接图如图 13-4 所示。

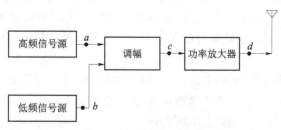

图 13-4　调幅发射机连接图

图 13-4 中的高频信号源相当于图 13-2 中的主振器,低频信号源相当于调制器,图 13-2

中的中间放大器相当于功率模块中的第一级放大器,高频信号源的频率按功率放大器模块上标注的频率设置,作为发射机的载波。低频信号源可设置为 1 kHz,或音乐信号,经调幅后送入功率放大器,经功率放大器放大后通过天线发射出去。

3. 实验步骤

(1)按图 13-4 连接图插好所需模块,用铆孔线将各模块输入、输出连接好,接通各模块电源。

(2)将高频信号源频率设置为 6.3 MHz,低频信号源频率设置为 1 kHz。

(3)用示波器测试各模块输入、输出信号波形,并调整各模块可调元件使输出信号达最佳状态。

(4)改变高频信号源输出电压幅度和低频信号源输出电压幅度,观看各测量信号波形的变化。

13.3　调幅接收部分联试实验

1. 实验目的

(1)掌握模拟通信系统中调幅接收机组成原理,建立系统概念。
(2)掌握系统联调的方法,培养解决实际问题的能力。

2. 调幅接收机连接图

调幅接收机各模块连接图如图 13-5 所示。

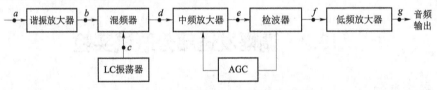

图 13-5　调幅接收机各模块连接图

图 13-5 中谐振放大器采用双调谐放大器模块,混频器采用集成乘法器混频器,LC 振荡器可以用高频信号源,也可以用 LC 振荡器模块,检波器、低频放大器和 AGC 在同一模块上,即二极管检波与自动增益控制模块。

在做该实验时,我们先不用发射机发出的信号,而直接用集成乘法器幅度调制电路产生的调幅波送到谐振放大器输入端,幅度调制模块上的载波频率设置为双调谐放大器模块上标注的频率(例如 6 MHz),音频信号设置为 1 kHz 的正弦波,输出的调幅波幅度为 100 mV 左右,调幅波经谐振放大器放大后送入混频,高频信号源输出信号频率设置为比双调谐模块上标注的频率高 2.5 MHz(例如 8 MHz),经混频输出 2.5 MHz 的调幅波送入中频放大器,中频放大后经检波得到与高频信号源中调制信号相一致的低频信号,该低频信号送入底板上低频功率放大器(P104)即可在扬声器中听到声音。

3. 实验步骤

(1)按图 13-5 连接,插好所需模块(调谐回路谐振放大器模块必须插在底板上相关的位置），用铆孔线将各模块输入、输出连接好，接通各模块电源。

（2）将幅度调制电路的载频设置为 6.3 MHz，音频信号设置为 1 kHz 的正弦波，调幅波的幅度调整为 100 mV 左右。

（3）LC 振荡器的频率设置为 8.8 MHz。

（4）用示波器测试各模块输入、输出信号波形，并调整各模块可调元件，使输出达最佳状态。

13.4 调幅发射与接收完整系统的联调

1. 实验目的

（1）在模块实验的基础上掌握调幅发射机、调幅接收机整机组成原理，建立通信系统的概念。

（2）掌握收发系统的联调方法，培养解决实际问题的能力。

2. 收发系统各模块连接图

方案一：收发系统连接图如图 13-6 所示。

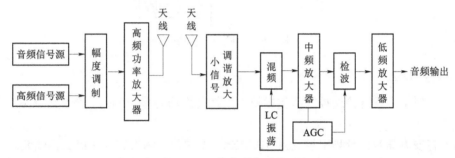

图 13-6 收发系统连接图

该方案为无线收发系统，收、发各为一个实验箱，相距 2 m 左右。该实验在上述发射机和接收机调好的基础上进行，其连接和调整与上述基本相同，所不同的是，接收机接收的信号为发射机发出的信号。

发射方：高频信号源作为载波，其频率设置为 6.3 MHz。音频信号源可以是语言，可以是音乐，也可以是固定的单音频。高频信号与音频信号经幅度调制后变为调幅波，然后送往高频功率放大器（注意高频功率放大器模块 11K05 跳线器要插上），经高频功率放大器放大后，通过天线发射出去。

接收方：天线上接收到的发射方发出的信号，然后送往小信号调谐放大器（调谐回路谐振放大器模块），小信号调谐放大器的频率应与发射方频率一致，接收到的信号经放大后送往混频，混频器采用晶体三极管混频或集成乘法器混频模块，送往混频器的本振信号可以用 LC 振荡器，也可以采用晶体振荡器，其频率设置为 8.8 MHz。经混频后输出约 2.5 MHz 的调幅波。中频放大器模块其谐振频率为 2.5 MHz。图中检波、低频放大器、AGC 为同一模块，即二极管检波与 AGC 模块。AGC 可接可不接，需要时用连接线与中频放大器（7P03）相连。经检波后输出与发端音频信号源相一致的波形，低频放大器输出的信号送往底板低频信号源部分功率放大器输入端（P104），通过该部分的扬声器发出声音。其声音大小可通过"功率放大器调节"电位器 W103 来调节。

　　方案二：收发系统连接图如图 13-7 所示。

　　该方案同样为无线收发系统，可在一个实验箱上进行，与方案一基本相同，不同的是发射部分，高频信号源与音频信号源送入高频功率放大器后，在高频功率放大器直接进行调幅，放大后通过天线发射出去。高频信号源的频率同样为 6.3 MHz，音频信号源首先选择单音频正弦波（例如 1 kHz），待功率放大器调整好后再选择音乐信号或语音信号。在调试时，需要改变高频信号源和音频信号源幅度，使高频功率放大器获得较大的发射功率（注意高频功率放大器模块上 11K05 跳线器要拔掉，使功率放大器工作于丙类状态）和较好的输出信号波形（不失真）。接收部分与方案一完全相同，不再赘述。

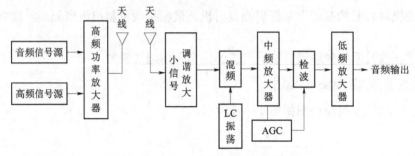

图 13-7　收发系统连接图

3. 实验步骤

　　（1）按以上方案连接图插好所需模块，用铆孔线将各模块输入、输出连接好，接通各模块电源。

　　（2）将发方高频信号频率设置为 6.3 MHz，低频信号源设置为 1 kHz 正弦波。

　　（3）用示波器测试各模块输入、输出信号波形，并调整各模块可调元件，微调高频信号源的频率及幅度，使输出达最佳状态。

13.5　实 验 报 告

　　（1）画出图 13-4 连接图中 a、b、c、d 各点波形。

　　（2）画出图 13-5 连接图中 a、b、c、d、e、f、g 各点波形。

　　（3）画出无线收发系统方案中各方框输入、输出信号波形，并标明其频率。

　　（4）记录实验数据，并作出分析和写出实验心得体会。

实验 14　调频发射与接收完整系统的联调

14.1　实验目的

（1）在模块实验的基础上掌握调频发射、调频接收的组成原理，建立调频通信系统的概念。

（2）掌握收发系统的联调方法，培养解决实际问题的能力。

14.2　实验内容

完成调频发射、调频接收机的整机联调。

14.3　实验电路原理

简易的调频无线收发系统组成框图如图 14-1 所示。该收发系统可在一个实验箱上进行，也可在两个实验箱上进行。在两个实验箱上进行时，一方为发射，一方为接收，但距离在 2 m以内。

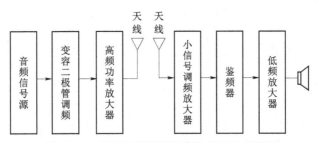

图 14-1　简易的调频无线收发系统组成框图

图 14-1 中的音频信号源可由实验箱底板上的低频信号源提供，音频信号可以是语音，可以是音乐信号，也可以是函数发生器产生的低频信号。音频信号源输出的信号由变容二极管调频器进行调频。变容二极管调频器的载频调至 6.3 MHz 左右（调整 12W01）。图中的高频功率放大器即为高频功率放大与发射实验模块，其谐振频率约为 6.3 MHz。变容二极管调频器输出的调频信号送入高频功率放大器，经放大后通过天线发射出去。接收端的小信号调谐放大器采用调谐回路谐振放大器模块，其谐振频率为 6.3 MHz 左右。收到的信号经调谐放大器放大后，直接送往鉴频器进行鉴频，鉴频器采用斜率鉴频与相位鉴频模块，经鉴频后得到与发端相一致的音频信号，然后送到低频放大部分进行放大，最后通过扬声器发出声音。该低频放大可采用实验箱底板低频信号源部分的功率放大器。

14.4　实 验 步 骤

（1）按图 14－1 插好所需模块，用铆孔线将各模块输入、输出连接好，接通各模块电源。

（2）将变容二极管调频器的载频调到为 6.3 MHz 左右，低频信号源设置为 1 kHz 正弦波（也可设置为音乐信号）。

（3）将高频功率放大器与发射实验模块中的开关 11K01、11K03 拨向左侧，开关 11K02 往上拨，并将天线拉好。

（4）将调谐回路谐振放大器的天线拉好，将斜率鉴频与相位鉴频模块中的开关 13K03 拨向相位鉴频或斜率鉴频。

（5）此时扬声器中应能听到音频信号的声音，如果听不到声音或者失真，可微调变容二极管调频器的频率，以及调整调谐回路谐振放大器和鉴频器的电位器。

（6）用示波器测试各模块输入、输出信号波形，并调整各模块可调元件，使输出信号达最佳状态。

14.5　实 验 报 告

（1）画出图 14－1 各方框输入、输出信号波形，并标明其频率。

（2）记录实验数据，并作出分析和写出实验心得体会。

实验 15　高频电路开发实验

15.1　实 验 目 的

在模块实验和系统实验的基础上，培养学生设计和开发单个电路的能力。通过动手搭试电路，弄清电路的特性和功能，掌握调试和排除故障的方法，培养学生解决实际问题的能力。

15.2　实验仪器和器材

（1）双踪示波器　一台
（2）万用表　一块
（3）电路开发板　一块
（4）铆孔连接线　多根

15.3　实 验 内 容

1. LC 振荡器开发实验

（1）由学生自己设计一个 8.8 MHz 的 LC 振荡电路。
（2）参照图 15-1 所示的 LC 振荡器原理图，分析各元件的作用和电路特性。
（3）了解 LC 振荡器开发板上各元件的构成。

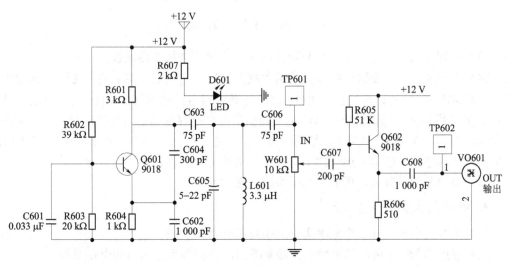

图 15-1　LC 振荡器原理图

（4）用铆孔连接线对 LC 振荡器开发板上各元件进行电路连接。

（5）电路连好后，安装在高频实验箱主板上进行加电调试，用示波器测试各点波形，并调整半可变电容，使其频率为 8.8 MHz。如果没有波形输出，说明电路连接有误，需要查找原因。

（6）该电路调试好后，可放入系统实验中进行验证。

2. 三极管混频器开发实验

（1）设计一个三极管混频器，其输入本振频率为 8.8 MHz，射频输入为 6.3 MHz，混频输出为 2.5 MHz。

（2）参照图 15-2 所示的三极管混频器原理图，分析各元件的作用和电路原理；了解三极管混频器开发板各元件的构成。

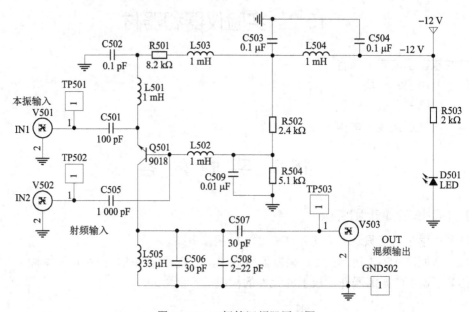

图 15-2 三极管混频器原理图

（3）用铆孔连接线对三极管混频器开发板上各元件进行电路连接。

（4）电路连好后，安装在高频实验箱主板上进行加电调试。调试前将 LC 振荡器模块输出的 8.8 MHz 的信号送入开发板上的 V501，高频信号源输出 6.3 MHz 的信号送入开发板 V502。然后用示波器测试输出信号波形，调整半可变电容使输出信号幅度最大。用频率计测试 V501、V502、V503 各点频率，结果应符合 $f_1 - f_2 = f_3$，即 8.8 MHz - 6.3 MHz = 2.5 MHz。如果没有波形输出，或与上述公式不符，说明电路连接有误，需要查找原因。

（5）该电路调试好后，可放入系统实验中进行验证。

3. 中频放大器开发实验

（1）由学生自己设计一个频率为 2.5 MHz 的中频放大器。

（2）参照图 15-3 所示的中频放大器原理图，分析各元件作用和电路原理。

（3）了解中频放大器开发板各元件的构成。

（4）用铆孔连接线对中频放大器开发板上各元件进行电路连接。

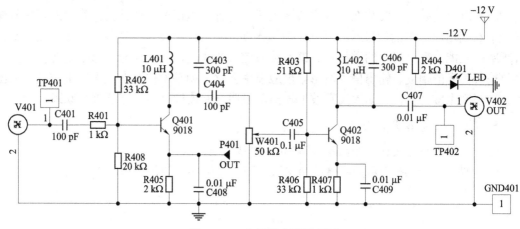

图 15-3　中频放大器原理图

（5）电路连好后，安装在高频实验箱主板上进行加电调试，调试前，将高频信号源输出一个 2.5 MHz 的信号送入本开发板的输入端（V401），然后用示波器测试各点波形，改变输入信号频率，应能观察到明显的谐振点，改变输入信号幅度，输出端（V402）输出信号波形幅度应发生变化。如果没有波形输出，说明电路连接有误，需要查找原因。

（6）该电路调试好后，可放入系统实验中进行验证。

4. 小信号调谐放大器开发实验

（1）由学生自己设计一个谐振频率为 6.3 MHz 左右的放大器。

（2）参照图 15-4 所示的小信号调谐放大器原理图，分析各元件作用和电路原理。

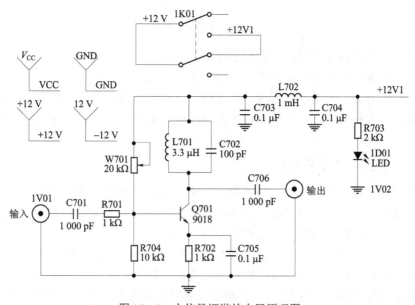

图 15-4　小信号调谐放大器原理图

（3）了解小信号调谐放大器开发板各元件的构成。

（4）用铆孔连线对小信号调谐放大器开发板上各元件进行电路连接。

（5）电路连好后，安装在高频实验箱主板上进行加电调试。调试前，将由高频信号源输出一个 6.3 MHz 左右的信号送入开发板的输入端，然后用示波器测试各点波形，改变输入信号频率，应能观察到明显的谐振点。改变输入信号的幅度，输出信号波形幅度应发生变化。调整输入信号的幅度，输出信号波形幅度应发生变化。调整电位改变放大器工作点，输出信号波形幅度也应有变化。如果没有波形输出，说明电路连接有误，需要查找原因。

5. 晶体振荡器开发实验

（1）由学生自己设计一个频率为 6 MHz 的晶体振荡器。

（2）参照图 15-5 所示的晶体振荡器原理图，分析各元件作用和电路原理。

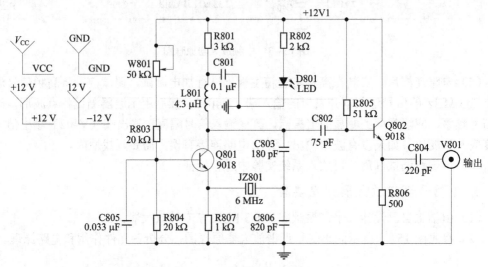

图 15-5　晶体振荡器原理图

（3）了解晶体振荡器开发板各元件的构成。

（4）用铆孔连接线对晶体振荡器开发板上各元件进行电路连接。

（5）电路连好后，安装在高频实验箱主板上进行加电调试。用示波器测试输出波形，并用频率计测试其振荡频率。如果没有波形输出，或频率不为 6 MHz，说明电路连接有误，需要查找原因。

6. 变容二极管调频开发板

（1）由学生自己设计一个中心频率为 8.2 MHz 左右的变容二极管调频器。

（2）参照图 15-6 所示的变容二极管调频器原理图，分析各元件作用和电路原理。

（3）了解变容二极管调频器开发板各元件的构成。

（4）用铆孔连接线对变容二极管调频器开发板上各元件进行电路连接。

（5）电路连好后，安装在高频实验箱主板上进行加电调试。用示波器测试输出波形，并用频率计测试其振荡频率。改变电位器 W901，看频率是否发生变化。接上音频信号，看输出波形是否有调频现象，即波形是否出现疏密。如果没有波形输出，或频率不为 8.2 MHz 左右，说明电路连接有误，需要查找原因。

（6）电路调好后，将输出信号送入电容耦合相位鉴频器，看能否解调输出。

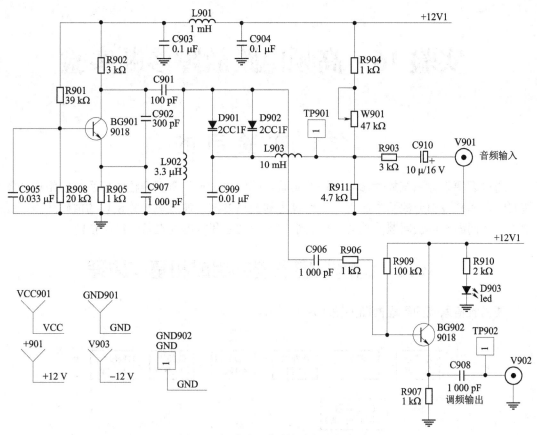

图 15-6 变容二极管调频器原理图

实验 16   高频电路故障诊断实验

16.1   实验目的

通过调幅收信系统故障诊断模块的实验，使学生进一步掌握调幅收信系统的组成，掌握调幅收信系统各部分的基本原理、工作过程和测试方法。通过对故障模块的故障排除，提高学生分析问题和解决问题的能力，提高学生实际动手和对电气设备的维修技能。

16.2   调幅收信系统的组成和基本原理

调幅收信系统的组成框图如图 16-1 所示。

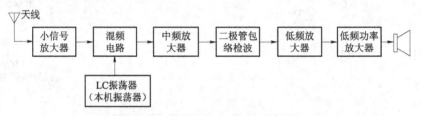

图 16-1   调幅收信系统的组成框图

图 16-1 中小信号放大谐振频率为 6.3 MHz 左右，LC 振荡器振荡频率约 8.8 MHz，混频后得到 2.5 MHz 的中频，经中频放大器放大后送至二极管包络检波，经检波后得到与发端相一致的低频调制信号，该低频信号放大后送至扬声器发出声音。

图中各方框除低频功率放大器（低频功率放大器在高频实验箱低频信号源部分）外，其余均在高频电路故障诊断模块中（图中的低频放大包含在二极管包络检波中）。构成系统时，只需将故障模块二极管包络检波输出 P07 用铆孔线与高频实验箱低频信号源部分 P102（功率放大器输入）相连，并将故障模块中各开关拨向"ON"。

16.3   无线通信系统的组成

无线通信系统的组成方框图如图 16-2 所示。发射部分由高频实验箱中高频功率放大器与射频发射模块构成，发射频率为 6.3 MHz，即高频信号源输出 6.3 MHz 的信号加入到高频功率放大器的高频信号输入端（11P01）。低频信号源输出信号（可以是函数发生器产生的正弦波，也可以是音乐信号或麦克风送入的话音）加入到高频功率放大器的音频信号输入端（11P02）。高频功率放大器与射频发射模块输出载波为 6.3 MHz 的调幅波通过天线发射出去。

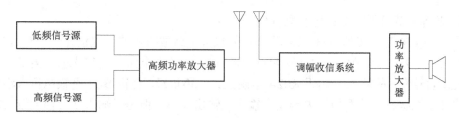

图 16-2 无线通信系统的组成框图

接收部分由高频电路故障诊断模块与高频实验箱低频功率放大器组成。高频电路故障诊断实验箱的电源需要外接，使用时需用专配的电源线，将高频实验箱底板上（右侧）电源座与故障诊断模块电源座连接起来（由于电源线较短，故障诊断箱要放置在高频实验箱右侧）。接收部分构成系统时，需将故障诊断模块上的二极管包络检波输出（P07）用铆孔线与高频实验箱低频信号源部分功率放大器输入（P102）相连（单根铆孔线不够长，需用两根铆孔线连接）。还需将故障诊断模块上的各个开关（K01、K02、K03、K04）拨向"ON"位，开关 SW01往上拨。如果故障模块处于正常状态，即没有设置故障时，高频实验箱上的扬声器就能发出发端低频调制信号的声音。

16.4 调幅收信系统各单元电路的基本原理、故障点的设置、故障现象及测试方法

1. 小信号放大电路

1）基本原理

小信号放大电路是通信接收机的前端电路，主要用于高频小信号或微弱信号的线性放大和选频。小信号谐振放大器的实验电路如图 16-3 所示。图中，BG1 是小信号放大器，BG2是射极跟随器，用以提高带负载的能力。R02、R03、R04 用以保证晶体管 BG1 工作于放大区域，从而使放大器工作于甲类。L01、C03 构成谐振回路，其谐振频率约 6.3 MHz。SW01 开关用来改变放大器输入信号，当 SW01 往上拨时，放大器输入信号为来自天线上的信号；当SW01 往下拨时，放大器的输入信号为直接从铆孔（P01）送入。

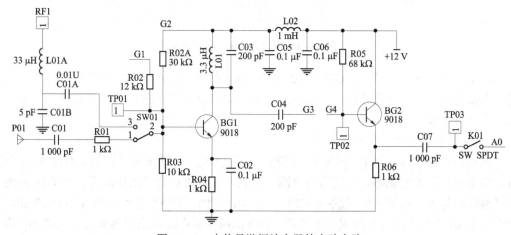

图 16-3 小信号谐振放大器的实验电路

2）故障点的设置及其故障现象

图 16-3 中 G1、G2，G3、G4 为小信号放大电路故障点的设置位置，共有两个故障点，当 G1、G2，G3、G4 都闭合时（即两点相通时），该放大电路为正常状态。当 G1、G2 断开时（故障编号为：故障 1），由于 R02A 电阻太大（30 kΩ），使得 BG1 基极电压太小而不能工作在线性放大状态，从而使放大器没有输出或输出减小。但是当输入信号幅度较大时（大于 0.7 V 时），BG1 仍会导通，但输出幅度会大大减小。当 G3、G4 断开时（故障编号为：故障 2），切断了 BG1 输出的信号，使得小信号放大电路无信号输出。

3）小信号放大电路的测试

判断该放大电路是否有故障，可通过测试各点波形来判断。其测试方法是：将高频信号源设置为 6.3 MHz，幅度为 200 mV 左右（峰—峰值），用铆孔线连接到故障模块小信号放大输入端（P01），SW01 开关往下拨。用示波器测量小信号放大电路输出端 TP03，正常时其输出信号幅度 2 V 左右（峰—峰值）。如果没有输出或输出信号幅度太小，则该放大电路有故障。有故障时可用示波器测量 TP01、BG1 集电极（L01 下端）、TP02 各点波形来判断。

2. LC 振荡器

1）基本原理

LC 振荡器是振荡回路由 LC 元件组成、满足振荡条件的正反馈放大器。LC 振荡器的实验电路图如图 16-4 所示。

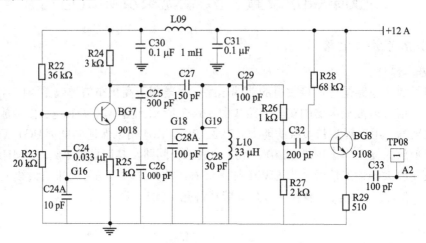

图 16-4　LC 振荡器的实验电路图

图 16-4 中 BG7 和 L10、C28 等元件构成振荡电路，振荡频率主要由 L10、C28、C27 决定，当振荡器处于正常状态时，其振荡频率为 8.8 MHz 左右。BG8 为射极跟随器，主要起隔离和提高带负载的能力。

2）故障点的设置及其故障现象

图 16-4 中 G16、G18、G19 为故障点的设置位置。当 G16 与地相通、G18 与 G19 断开时，该电路处于正常状态，否则为有故障，因此，该电路设置了两个故障；当 G16 与地断开时（故障编号为：故障 9），电路中 C24 与 C24A 相串，使得串联后的电容小于 10 pF，这样就会造成 BG7 的基极对振荡频率不接地，最终使振荡器不起振或振荡幅度大大减小；当 G18 与 G19 闭合时（故障编号为：故障 10），使得 C28 与 C28A 相并，这样就会使正常状态下的

电容增加 100 pF，也就是振荡频率比正常状态（8.8 MHz 左右）下降了许多。由于振荡频率相差太多，因而致使混频器工作不正常。

3）LC 振荡器的测试

将 K02 置 "OFF"，即断开后面电路。用示波器测试 TP08 测量点的波形，并用频率计测量该点信号的频率。正常时该测量点电压幅度约为 1 V（峰—峰），频率约为 8.8 MHz，否则即为有故障。

3. 混频电路

1）基本原理

混频器的功能是将载波为高频的已调波信号不失真地变换为另一载频（中频）的已调波信号，而保持原调制规律不变。

晶体三极管混频器的实验电路图如图 16-5 所示，本振电压 u_L（来自 LC 振荡器）频率为 8.8 MHz，从晶体管 BG3 的发射极 E 输入，此时开关 K02 应置 "ON"，信号电压 u_s（频率为 6.3 MHz）从晶体管的基极 B 输入，注意开关 K01 置 "ON"，混频后的中频（$f_i = f_L - f_s$）信号由晶体管 BG3 的集电极 C 输出。输出端的带通滤波器必须调谐在中频 f_i 上，本实验中频为 $f_i = f_L - f_s = 8.8\,\mathrm{MHz} - 6.3\,\mathrm{MHz} = 2.5\,\mathrm{MHz}$。滤波电路（谐振回路）由 L04、C10 组成。

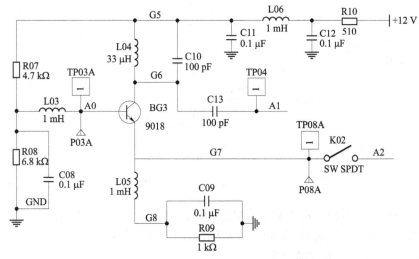

图 16-5　晶体三极管混频器的实验电路图

2）故障点的设置和故障现象

图 16-5 中 G5、G6、G7、G8 为故障点设置的位置。当 G5 与 G6、G7 与 G8 不连通（即断开）时，混频电路处于正常状态，其中之一连通（闭合）时，即为有故障。当 G5、G6 连通时（故障编号为：故障 3），由 L04、C10 组成的滤波电路被短路，使混频器无输出。当 G7、G8 连通时，扼流圈 L05 被短路，这样就会使本振信号短路到地（C09 对 8.8 MHz 的信号相当于短路），最终造成混频器不能混频。图中，TP03A、TP04、TP08A 为信号测量点。图 16-3 开关 K01 控制是否将小信号放大电路接入混频电路，图 16-5 中开关 K02 控制 LC 振荡器是否与混频电路连通，图 16-6 中开关 K03 控制混频器输出是否接入中频放大器。

3）混频电路的测试

将开关 K01、K03 置"OFF"，K02 置"ON"，高频实验箱上的高频信号源设置为 6.3 MHz，幅度 300 mV（峰—峰值），用铆孔线将该高频信号连接到故障模块混频电路输入端（P03A），用示波器测试各点波形，并用频率计测试其频率，看是否符合：$f_i = f_L - f_S$，正常时 $f_i = 2.5$ MHz 左右。由于 TP08A 是信号频率与本振频率的混合，因此该点波形是混合波形。测试本振频率时，将开关 K02 置"OFF"，在 LC 振荡器输出端 TP08 测量点测量。如果混频器输出端 TP04 无波形，或频率不为 2.5 MHz，说明该电路有故障。

4. 中频放大器

1）基本原理

中频放大器位于混频之后、检波之前，是专门对固定中频信号进行放大的，由于中频放大器工作频率较低，所以容易获得较大的稳定增益。中频放大器的实验电路图如图 16－6 所示。

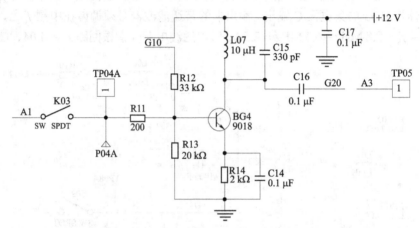

图 16－6　中频放大器的实验电路图

从图 16－6 中可看出，本实验采用单级中频放大器，而且是共发放大，这样可获得较大的增益，图中 L07、C15 构成谐振回路，谐振在 2.5 MHz 左右。

2）故障点的设置及其故障现象

图 16－6 中 G10、G20、A3 为设置的故障点的位置。当 G10 闭合、G20 与 A3 也闭合（连通）时，电路处于正常状态。其中之一断开时，电路有故障。当 G10 断开时（故障编号为：故障 5），BG4 基极无直流电压，放大器处于截止状态，无信号输出。但是输入信号电压超过 0.7 V 时，BG4 仍能导通，仍有信号输出，不过信号幅度会大大减小。当 G20 与 A3 断开时（故障编号为：故障 11），中频放大器的输出被切断，加不到后面的检波电路。

3）中频放大器的测试

将开关 K03 置"OFF"，高频信号源设置为 2.5 MHz，幅度为 200 mV（峰—峰值），用铆孔线将该信号接入到故障模块中频放大器输入端 P04A，用示波器测量中频放大器输出 TP05 测量点的波形，输出信号幅度大于 2 V 为正常，否则该电路有故障。

5. 二极管包络检波

1）基本原理

二极管包络检波是包络检波器中最简单、最常用的一种电路。本实验的二极管包络检波和低放电路图如图 16-7 所示。

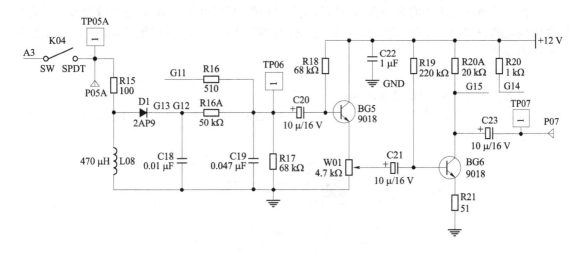

图 16-7 二极管包络检波和低放电路图

图 16-7 中，D1 为检波二极管；BG5 为射随器，BG6 为低频放大器；电位器 W01 用来调整输出幅度；K04 用来控制中频放大器输出是否与检波连通。

2）故障点的设置及其故障现象

图 16-7 中 G11、G12、G12、G13、G14、G15 为故障点的设置位置。当 G11 与 G12、G12 与 G13、G14 与 G15 都处于连通（闭合）状态时，该电路为正常。其中之一断开时，表明电路有故障。当 G11 与 G12 断开时（故障编号为：故障 6），检波输出滤波电路时常数增大，导致输出信号波形失真，输出信号幅度减小。当 G12 与 G13 断开时（故障编号为：故障 7），此时检波二极管被切断，导致二极管不工作，使检波器无输出。当 G14 与 G15 断开时（故障编号为：故障 8），此时低放管 BG6 集电极负载电阻为 20 kΩ，正常时应为 1 kΩ 左右，负载电阻的增大，导致输出信号波形失真。

3）二极管包络检波测试

将高频实验箱上高频功率放大器与射频发射模块产生的调幅波用铆孔线连接到检波器输入端，即高频功率放大器输出（11P03）与二极管包络检波输入（P05A）相连，将开关 11K02 往下拨，二极管包络检波 K04 开关置"OFF"。用示波器测量 TP06、TP07 两测量点的波形，其波形应为发端低频调制信号，调整电位器 W01，TP07 测量点的波形应发生变化。如果 TP06、TP07 无波形，或波形严重失真，说明该电路有故障。

16.5 高频电路故障诊断实验箱的故障设置及故障清除

高频故障实验系统由三部分组成：高频电路故障诊断实验箱；无线发射装置；计算机控

制软件。

　　高频故障实验箱故障的设置是由计算机软件控制无线发射装置，通过无线发射模块传送给高频故障实验箱。高频故障实验箱在接收到计算机发来的故障数据后会根据计算机的命令完成故障设置并同时将接收到的故障数据存入存储器。高频故障实验箱每次上电后都将从存储器里读取故障数据，该数据为最后一次配置的故障。

　　高频故障实验箱上的数码管显示的是实验箱的编号（如编号 01），在接收故障时数码管会以闪烁的方式提示学生。在使用计算机软件时要输入对应的实验箱编号才能将故障数据传送给实验箱。

　　软件安装步骤如下。

　　第一步　先安装 CH372 驱动软件。

　　（1）打开高频故障管理软件文件夹下的"372drive"文件夹，双击"CH372DRV.EXE"文件，如图 16-8 所示。

图 16-8　驱动软件

　　（2）双击"CH372DRV.EXE"后出现图 16-9 所示界面，单击"INSTALL"按钮安装。

图 16-9　安装界面

　　（3）安装完成后出现图 16-10 所示界面，单击"确定"按钮，安装成功。

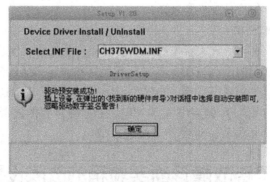

图 16-10　安装完成后弹出的对话框

　　第二步　将无线发射装置用 USB 连接线和计算机相连。

（1）USB 连接线接到计算机上会提示找到新硬件，如图 16–11 所示。

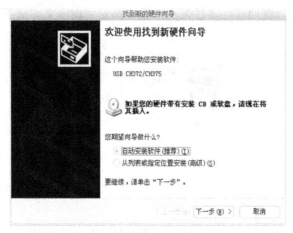

图 16–11　硬件连接后出现需要安装驱动

（2）单击"下一步"按钮进行安装，出现界面如图 16–12 所示。

图 16–12　软件安装过程

（3）软件会自动安装，安装完成后出现图 16–13 所示界面，单击"完成"按钮。

图 16–13　USB 驱动安装完成后的界面

第三步　安装高频故障管理软件。

（1）双击高频故障管理软件文件夹下高频故障安装程序文件夹下的"setup.exe"文件，如图 16-14 所示。

图 16-14　高频故障安装程序文件

（2）双击图 16-14 图标后出现图 16-15 所示界面，单击"确定"按钮安装。

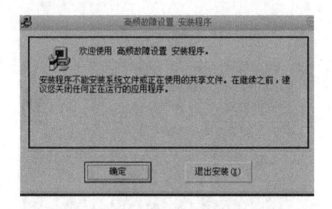

图 16-15　安装高频故障安装程序文件界面

（3）单击"确定"按钮后出现图 16-16 所示界面，单击"更改目录"按钮可以将软件安装在指定的地方，然后单击"安装"按钮进行安装。

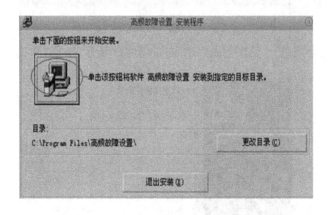

图 16-16　选择高频故障安装程序文件安装路径

（4）单击"安装"按钮后出现图 16-17 所示界面，单击"继续"按钮继续安装。

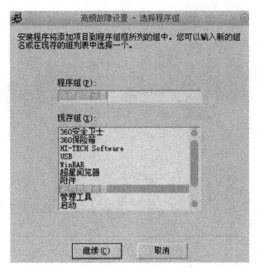

图 16-17 高频故障安装程序文件安装界面

（5）单击"继续"按钮后出现图 16-18 所示界面，单击"是"按钮（后面若还会出现此对话框，继续单击"是"按钮）。

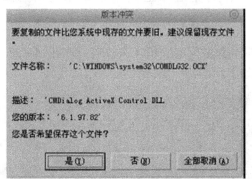

图 16-18 高频故障安装程序文件安装过程界面

（6）安装完成后出现图 16-19 所示界面，单击"确定"按钮完成安装。

图 16-19 高频故障安装程序文件安装完成后界面

第四步 打开高频故障管理软件。

高频故障管理软件由三部分构造：实验箱编号输入区；故障选择区；故障显示区。操作步骤如下。

（1）在上一步安装目录下找到已安装好的高频故障管理软件，如图 16-20 所示。

图 16-20 选择软件安装文件

（2）双击"高频故障管理软件.exe"打开出现图 16-21 所示界面。

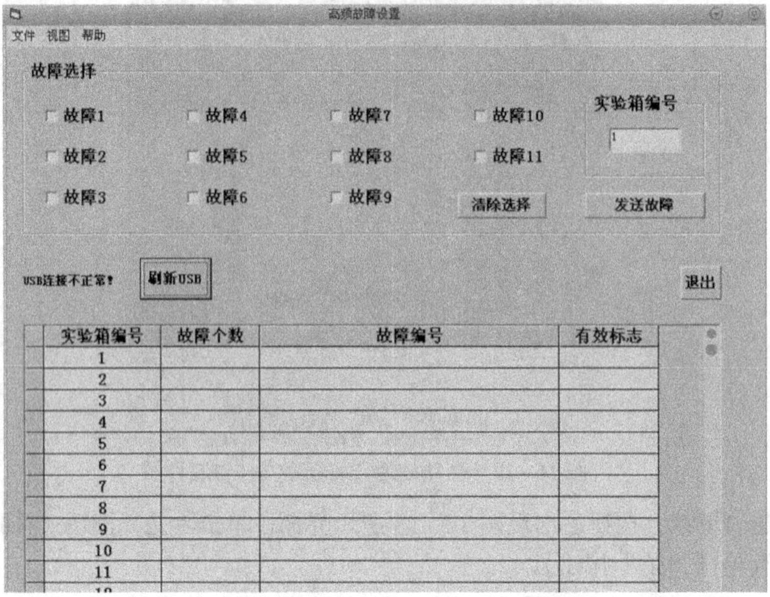

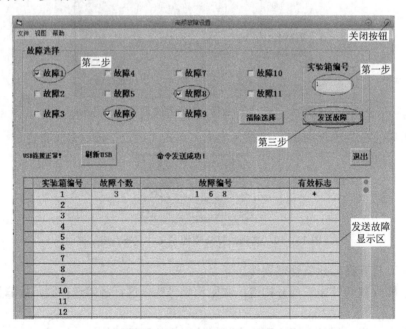

图 16-21　故障点设置显示界面

（3）使用这个软件向高频故障实验箱发送故障，如图 16-22 所示的界面，以向 1 号实验箱发送故障为例，步骤如下。

图 16-22　故障点设置显示界面

① 在实验箱编号下输入实验箱编号，如输入 1，表示 1 号实验箱。

② 在故障选择区选择要发送的故障，在故障号前的选中框内单击一下即可，如选择故障 1、故障 6 和故障 8。注：本实验系统同一时刻最多只能选中 3 个故障。

③ 故障选中后单击"发送故障"按钮进行发送。如果实验箱收到故障会返回给计算机一个收到命令，软件上就会显示"命令发送成功"，同时在显示区对应的故箱编号后显示发送的故障个数和故障号。如实验箱 1 后显示 3 个故障，故障号分别为 1、6、8。

④ 如果要给实验箱发送无故障状态，单击"清除选择"按钮，然后单击"发送故障"即可。

⑤ 实验箱在收到发送来的故障后，实验箱上的数码管会以闪烁的方式提示学生实验箱已接收到故障。如果发送的是有故障状态，如前面的③，则数码管会闪烁显示四次"EP"提示学生有故障；如果发送的是无故障状态，如前面的④，则数码管会闪烁显示四次"OH"提示学生无故障。

⑥ 关闭软件单击右上角"关闭"按钮。

16.6　高频电路故障诊断模块故障对应关系说明

故障 1：（小信号放大部分）G1、G2 断开。正常状态：G1、G2 闭合。
故障 2：（小信号放大部分）G3、G4 断开。正常状态：G3、G4 闭合。
故障 3：（混频电路部分）G5、G6 闭合。正常状态：G5、G6 断开。
故障 4：（混频电路部分）G7、G8 闭合。正常状态：G7、G8 断开。
故障 5：（中频放大部分）G10 和 12 V 断开。正常状态：G10 和 12 V 闭合。
故障 6：（二极管包络检波部分）G11、G12 断开。正常状态：G11、G12 闭合。
故障 7：（二极管包络检波部分）G12、G13 断开。正常状态：G12、G13 闭合。
故障 8：（二极管包络检波部分）G14、G15 断开。正常状态：G14、G15 闭合。
故障 9：（LC 振荡器部分）G16 和 GND 断开。正常状态：G16 和 GND 闭合。
故障 10：（LC 振荡器部分）G18、G19 闭合。正常状态：G18、G19 断开。
故障 11：（中频放大部分）G20、A3 断开。正常状态：G20、A3 闭合。
软件上故障号就和上面所列故障对应。故障板同时只能出现三个故障。

16.7　高频电路故障诊断实验箱使用注意事项

（1）由于实验箱电路故障是通过编程控制的，学生做实验时只能压缩到某一故障点，而不能直接排除，即不能焊接替换某一元件。

（2）由于是编程控制故障，即是在加电的情况下编程控制才起作用，因此，学生在断电情况下，无法测量故障点。

（3）该说明书只能给老师使用，如果提供给学生，学生知道故障点，就达不到应有的作用。

附录 A 实验仪器使用说明

1. 高频实验仪器使用说明

1）频率计的使用说明

频率计的频率范围在 35 MHz 以内。测量较低频率时，可通过按 SW301 进行切换。输入信号可用铆孔线从 P301 输入口输入。该频率计的灵敏度为 100 mV 左右。

2）低频信号源的使用说明

该低频信号源可提供函数信号（正弦、三角、方波）、调幅信号、调频信号及话音信号接口。除话音接口外，其余各信号均由芯片 U801 通过编程产生。产生的信号由铆孔 P101、P102 输出，输出信号的类型由左上角表格及四个发光管（D01、D02、D03、D04）点亮情况来确定，表中"1"表示发光管亮，"0"表示发光管灭。SS101 编码器用来控制输出信号类型的改变和输出信号频率的调节。按动一次 SS101，信号类型发生一次改变，旋转 SS101 改变输出信号的频率，函数信号（正弦、三角、方波）的频率范围为 100 Hz～20 kHz。调幅波的载频为固定值 40 kHz，音频调制信号频率为 1 kHz。调频波的载频为 10 kHz 的固定值，音频调制信号的固定值为 1 kHz。音频调制信号的幅度可通过按 SW01 小按钮来调节。输出调频波时，音频调制信号幅度和调频波输出幅度不要太大，否则输出波形会出现调幅。以上各信号输出幅度均可通过"幅度"调节旋钮来调节。底板上左侧 MIC 插口为麦克风插口，用来传送话音信号，标有 MIC 的铆孔是话音输出口。标有 P104 的铆孔为低频功率放大器输入口，音频信号通过 P104 送入后，可在扬声器中发出声音。电位器 W103（功率放大器调节）用来调节功率放大器输入的幅度，也即调节扬声器声音的大小。

3）高频信号源的使用说明

高频 DDS 信号源采用 AD9850 实现，输出正弦波形纯真稳定，频率调节方便。使用方法与指标如下。

① 输出频率：2 kHz～25 MHz，开机默认输出频率为 6.3 MHz。

② 幅度：$V_{p-p} > 1$ V。

③ 频率调节步长分三挡：1 kHz、100 kHz、1 MHz，由三个发光二极管（D201、D202、D203）分别对应指示。

④ P201 输出高频信号。

⑤ 电位器 W201 调节输出信号幅度，使用时电位器不宜调至最大，否则输出信号波形有失真。

⑥ SS201 编码开关完成频率调节和频率调节步长改变，按动一次 SS201，信号源频率调节步长改变一挡；旋转 SS201 改变输出信号频率，右旋频率增加，左旋频率减小；旋转一次

频率的改变量由步长决定。

2. 信号发生器使用简要说明

1）熟悉面板和用户界面

信号发生器面板和用户界面如图 A-1 所示。

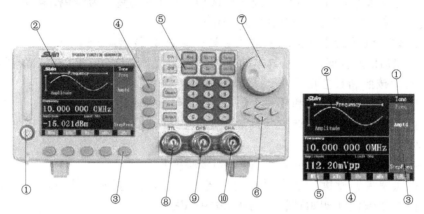

图 A-1　信号发生器面板和用户界面

（1）面板功能。

① 电源开关；② 显示屏；③ 单位软键；④ 选项软键；⑤ 功能键；⑥ 方向键；⑦ 调节旋钮；⑧ TTL 输出端口；⑨ CHB 输出端口；⑩ CHA 输出端口。

键盘说明：本仪器有 24 个带有键名的键，其定义是确定的，在本指南中用符号【】表示。屏幕右边有 5 个空白键，称为选项软键，屏幕下边有 5 个空白键，称为单位软键，这些键的定义是随着不同应用而变化的，本指南用符号〖〗表示。旋钮下边有 4 个方向键，用符号【↑】【↓】【←】【→】表示。仪器的全部按键中有 12 个按键有按键指示灯，点亮的指示灯指示仪器当前的功能、波形以及输出状态。

（2）显示屏。

① 功能菜单区。

② 波形显示区。

③ 选项菜单区。

④ 参数显示区。

⑤ 单位显示区。

CHA 输出正弦波形，频率 1 kHz，幅度 + 3.979 4 dBm；CHB 输出正弦波形，频率 1 kHz，幅度 $1V_{p-p}$，偏移 0VDC。

2）数据输入方法

设置仪器的工作参数必须输入数据，数据的输入有以下两种方法。

（1）键盘输入：使用数字键、小数点键和负号键输入数据，输入途中如果发生错误，可以使用【←】键退格删除，数据输入完成后按单位软键结束，输入数据即可生效。使用该方法输入数据，可以使参数设置一步到位。

（2）旋钮输入：通过【←】【→】键移动绿色数字光标位选择调整的数位，然后转动旋钮。旋钮向右旋转动可以使光标位数字连续加 1，向左转动可以使光标位数字连续减

1，数字改变的同时即刻生效，不用再按单位键。使用旋钮输入数据，可以使参数连续调节，光标位向左移动，转动旋钮可以粗调。光标位向右移动，转动旋钮可以细调。

3）设置输出频率

如果要将频率设置为 2.5 kHz 可按下列步骤操作。

（1）按〖频率〗软键，选中"频率"选项，"频率"显示为绿色，参数显示为当前频率参数值（初始默认值为 1.000 000 00 kHz）。

（2）按数字键【2】【·】【5】输入参数值，参数显示：2.5。

（3）按〖kHz〗软键，输入数据的单位，参数显示：2.500 000 00 kHz 单位软键按下以后，仪器即按照新设置的参数改变输出波形的频率。

（4）您也可以使用旋钮和【←】【→】键连续改变输出波形的频率。

（5）按〖频率〗软键，选中"周期"选项，可以设置周期参数。

4）设置输出幅度

如果要将幅度设置为 3 dBm 可按下列步骤操作。

（1）按〖幅度〗软键，选中"幅度"选项，"幅度"显示为绿色，参数显示：
当前幅度参数值（初始默认值为 +3.979 4 dBm）。

（2）按数字键【3】输入参数值，参数显示：3。

（3）按〖dBm〗软键，输入数据的单位，参数显示：+3.000 0 dBm。单位软键按下以后，仪器即按照新设置的参数。

5）设置直流偏移

CHA 不可以设置直流偏移，CHB 可以设置直流偏移，如果要将直流偏移设置为 −25 mVDC 可按下列步骤操作。

（1）按〖偏移〗软键，选中"偏移"，"偏移"显示为绿色，参数显示为当前偏移参数值（初始默认值为 +0.000 VDC）。

（2）按数字键【−】【2】【5】输入参数值，参数显示：−25。

（3）按〖mVDC〗软键，输入数据的单位，参数显示：−0.025 VDC 单位软键按下以后，仪器即按照新设置的参数改变输出波形的直流偏移。

（4）您也可以使用旋钮和【←】【→】键连续改变输出波形的直流偏移，过零点时，正负号能够自动转化。

（5）CHB 还可以设置输出波形的低电平值，按〖偏移〗软键，选中"低电平"选项，"低电平"显示为绿色，可以设置低电平参数。

6）设置频率步进

按〖步进频率〗软键，选中"步进频率"选项，"步进频率"显示绿色，设置一个步进频率值，如 2.5 kHz。再按〖频率〗软键，选中"频率"选项。然后每按一次【↑】键，频率增加 2.5 kHz。每按一次【↓】键，频率减少 2.5 kHz。使用这方法，可以非常方便地输出一系列步进增减的频率序列。

7）设置方波波形

接通电源时仪器输出正弦波形，按【Square】键，按键"Square"下的指示灯点亮，按键"Sine"下的指示灯熄灭，仪器输出方波波形。CHA 方波占空比固定为 50%，CHB 方波占空比可以调整。CHA 只有正弦波和方波，CHB 除了有正弦波和方波，还有 6 种波形，分别是斜波、脉冲波、指数波、SINC 函数、噪声和直流。

8）设置斜波波形

按【Arb】键，按键"Arb"下的指示灯点亮，仪器显示波形列表，此时绿色显示的波形已经输出。按〖Ramp〗软键，仪器输出斜波波形。斜波对称度表示波形上升部分所占时间与波形周期的比值，对称度可在 0～100% 之间调整。使用数字键和单位键可以设置斜波对称度，也可以使用旋钮和光标移动键连续调整斜波的对称度。对称度设置以后，斜波图形可以在屏幕上显示出来。

9）设置脉冲波形

按【Arb】键，按键"Arb"下的指示灯点亮仪器显示波形列表，此时绿色显示的波形已经输出。按〖Pulse〗软键，仪器输出脉冲波波形。脉冲宽度表示波形输出高电平的时间。使用数字键和单位键可以设置脉冲宽度，也可以使用旋钮和光标移动键连续调整脉冲宽度，脉冲宽度设置以后，脉冲波图形可以在屏幕上显示出来。

3. 扫频仪的使用简要说明

1）熟悉面板和用户界面

下面以 SA1030D 为例对界面进行说明，扫频仪面板与用户界面如图 A-2 所示。

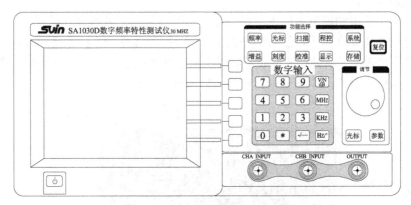

图 A-2 扫频仪面板与用户界面

（1）键盘。

键盘共有 34 个按键，按功能分为四个区：数字区、功能区、菜单区、调节区。

数字区：包括【0】、【1】、【2】、【3】、【4】、【5】、【6】、【7】、【8】、【9】、【.】、【-/←】、【dB】、【MHz】、【kHz】、【Hz】16 个按键，用来输入频率值、增益值、相位值、倍数等。【dB】、【Hz】两个单位键除了"dB"、"Hz"的单位功能还复合有其他的单位功能，在【dB】单位键上复合有"V"、"N"两种单位功能，在【Hz】单位键上复合有"°""min"单位功能。

功能区：包括【频率】、【增益】、【光标】、【刻度】、【扫描】、【校准】、【程控】、【显示】、【系统】、【存储】共 10 个功能按键，用来选择主菜单。另有【复位】键，用来实现复位功能。

菜单区：包括五个软键，在不同的菜单下有不同的功能。软键在说明书中以〖〗表示，如：〖始点〗，以区别其他按键。

调节区：只有 2 个按键，【光标】、【参数】，按下【光标】键后，手轮调节的对象是光标，此时状态显示区显示"Knob-Marker"标志，按下【参数】键后，手轮调节的对象是输入的参数，此时状态显示区显示"Knob – Entry"标志。当主菜单处于光标菜单时，按下【参数】键后有两种情况，当处于设置活动光标功能时，手轮调节的对象仍是参数；当处于其他功能时，手轮调节的对象就是光标。

（2）显示。

显示屏分 5 个区，主显示区、菜单显示区、光标值显示区、频率增益显示区、状态显示区，如图 A – 3 所示。

主显示区显示被测网络的特性曲线，点阵为 250×200，横轴 10 个大格，纵轴 8 个大格。菜单显示区显示仪器当前所处菜单，在显示屏的右侧。光标值显示区显示光标位置的频率、增益、相位值，若光标未被打开，此显示区不显示任何信息，光标值显示区在显示屏的顶部。频率增益值显示区显示当前的始点频率、终点频率、每格增益值、每格相位值，频率值显示区在显示屏的下部。

状态显示区显示仪器的部分工作状态，状态显示区在显示屏的右下角。仪器可显示的工作状态有"手轮的状态""鉴频功能状态""存储调出状态""校准状态""扫描状态""S 参数测试功能状态"。

（3）数值调节。

频率值和增益值的调节有以下两种方法，用键盘输入：若要输入始点频率 23.89 MHz，首先将始点频率值高亮显示，然后顺序按下【2】、【3】、【.】、【8】、【9】、【MHz】六个按键即可；用调节手轮步进调整：调整数值前需先按【参数】键，手轮顺时针调节，数值将增大，逆时针调节数值将减小，步进值根据被调节对象不同而异。

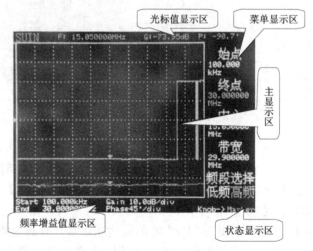

图 A – 3　显示屏

2）功能菜单

（1）频率菜单。

默认频率菜单可以设置始点频率、终点频率、中心频率、扫频带宽四种参数。按功能区的【频率】键进入频率菜单，显示屏显示频率菜单自上而下为〖始点〗、〖终点〗、〖中心〗、〖带宽〗、〖频段选择〗。

〖始点〗设置仪器当前扫描的始点频率值（Fs），默认值为 100 kHz。

〖终点〗设置仪器当前扫描的终点频率值（Fe），默认值为 30 MHz。

〖中心〗设置仪器当前扫描的中心频率值（Fc），默认值为 15.05 MHz。

〖带宽〗设置仪器当前扫描的扫频带宽值（Fb），默认值为 29.9 MHz。

〖频段选择〗设置仪器当前扫描的频率范围，默认值为高频段。

当改变其中某一频率值时，仪器自动计算其他频率值并相应改变。如将始点频率改为 1 MHz，仪器自动将中心频率改为 15.5 MHz，带宽值改为 29 MHz。始点和终点的值在某一个频率段内可以任意更改，仪器会自动保证始点频率小于终点频率 250 Hz 以上；中心和带宽值的更改受限于仪器当前频段的最小值和最大值，计算公式为终点值 Fe＝中心值 Fc＋带宽值 Fb/2，始点值 Fs＝中心值 Fc－带宽值 Fb/2。当改变中心值后，计算出的始点和终点值若超出仪器当前频段的最小或最大值，则自动计算在此中心频率下允许的最大带宽值，同时计算出此时的始点值和终点值；当改变带宽值后，计算出的始点和终点值若超出仪器当前频段的最小或最大值，则自动计算在当前中心频率下允许的最大带宽值，同时计算出此时的始点值和终点值。仪器将扫频范围分为两个频率段，第一个频率段为 20 Hz～200 kHz，称为低频段，第二个频率段为 5 kHz～最大频率值，称为高频段。

（2）增益菜单。

默认功能时增益菜单可以设置输出增益、输入增益、输入阻抗三种参数。按【增益】键仪器进入增益菜单，菜单自上而下为〖输出增益〗、〖输入增益〗、〖输入阻抗〗。

〖输出增益〗设置仪器当前的输出增益值，默认为 0 dB，调节范围为 0～－80 dB，调节步进值为 1 dB。调节输出增益可以调节仪器输出扫频信号的幅度，0 dB 时输出幅度最大，－80 dB 时输出幅度最小。用数字输入方式设置输出增益时，应注意符号"－"的输入，否则仪器认为输入数值无效。

〖输入增益〗设置仪器当前的输入增益值，默认为 0 dB，调节范围为 10～－30 dB，调节步进值为 10 dB。调节输入增益可以调节仪器输入通道的增益，控制仪器对输入信号的放大和衰减。如果输入增益的设置值不是 10 的整数倍将按四舍五入处理，若输入－6 dB，仪器会将输入增益设置为－10 dB，如输入－22.3 dB，仪器会将输入增益设置为－20 dB。用数字输入方式设置输入增益时，应注意符号"－"的输入。

〖输入阻抗〗设置仪器当前的输入阻抗值，仪器的输入阻抗可在 50 Ω 和 500 kΩ 之间选择，默认为 50 Ω。应根据被测网络的特性来确定仪器的输入阻抗。

鉴频功能时增益菜单可以设置输出增益、输入增益、每格电压值、直流偏置四种参数。当仪器设置为鉴频功能时，仪器的输入信号从 CHB INPUT 输入。按【增益】键仪器进入增益菜单，菜单自上而下为〖输出增益〗、〖输入增益〗、〖电压〗、〖直流偏置〗。

〖输出增益〗与仪器默认功能时的定义相同。

〖输入增益〗设置仪器鉴频通道的输入增益值，共分为 3 挡：*0.25、*1 和*4，默认为*1。当输入的设置值大于 1 时，仪器将输入增益设置为*4，当输入的设置值小于 1 时，仪器将输入增益设置为*0.25。当输入增益设置为*1 时，仪器能够正常测量的输入信号的范围为±1.5 V；当输入增益设置为*0.25 时，仪器能够正常测量的输入信号的范围为－3.5～＋6.5 V；当输入增益设置为*4 时，仪器能够正常测量的输入信号的范围为±0.3 V。当仪器的输入信号超过±1.5 V 时，可将输入增益设置为*0.25，当仪器的输入信号较小时，可将输入增益设置为*4，此时可获得较好的测量准确度。

〖电压〗设置仪器主显示区每一大格代表的电压值，默认为 0.5 V/div。此值范围是 0.1～5 V/div。改变每格电压值不影响光标显示区的电压值。

〖直流偏置〗设置仪器鉴频通道的直流偏置电压值，默认为 0.0 V。在输入增益处于*1 挡时，此值范围是±1.5 V；在输入增益处于*4 挡时，此值范围是±0.4 V；在输入增益处于*0.25 挡时，此值范围是±4 V。当仪器的输入信号中有较大的直流分量，使仪器得不到正确的测量结果时，需要设置仪器输入通道的直流偏置电平来抵消输入信号的直流分量。

（3）刻度菜单。

刻度菜单设置显示区的 y 轴刻度状态。

按【刻度】键进入刻度菜单，菜单自上而下为〖增益线性/对数〗、〖增益基准〗、〖增益〗、〖相位基准〗、〖相位〗。

〖增益线性/对数〗设置显示区 y 轴增益的状态，默认为"对数"。当"线性"高亮显示时，y 轴显示状态为线性，此时增益的零位在显示区的最下端；当"对数"高亮显示时，y 轴显示状态为对数，此时增益的零位在显示区的最上端。

〖增益基准〗设置幅频特性曲线的零位在 y 轴上的位置。当 y 轴增益设置为对数时默认为 0 dB，调节范围为 −80 dB 到 80 dB；当 y 轴增益设置为线性时默认值为 0，调节范围为 0 到 1 000。改变增益基准值，幅频特性曲线会在 y 轴方向上移动，但不会影响被测网络的幅频特性。显示区左侧的红色三角标记指示当前的增益基准零位。

〖增益 10.0 dB/div〗设置主显示区的每格增益值。当 y 轴设置为对数时默认为 10 dB/div，调节范围为 0.1 dB/div 到 10 dB/div；当 y 轴设值为线性时默认为 1.0/div，调节范围为 0.1/div 到 100/div。改变每格增益值，幅频特性曲线会在 y 轴方向上压缩伸展，但不会影响被测网络的幅频特性。

〖相位基准〗设置相频特性曲线的零位在 y 轴上的位置，默认为 0°。此值范围为 −180° 到 +180°。默认的相位零位在显示区的中间，当相位基准设置值改变时，相位零位也随之改变。改变相位基准，相频特性曲线会在显示区上下移动，但是不会影响被测网络的相频特性。显示区左侧的绿色三角标记指示当前的相位基准零位。

〖相位 45°/div〗设置主显示区每格相位值，默认为 45°/div。此值范围为 1° 到 45°。改变每格相位值，相频特性曲线会在 y 轴方向上压缩伸展，但不会影响被测网络的相频特性。

（4）光标菜单。

光标菜单可以设置光标的状态、光标的移动等，并借此来准确测量特性曲线的频率、增益值、相位值。按【光标】键仪器进入光标菜单，菜单自上而下为〖光标常态〗、〖光标差值〗、〖光标选择 1 2 3 4 5〗、〖光标 1 开/关〗、〖更多〗，光标菜单选项较多，分两页显示。

〖常态〗设置光标值显示区显示的频率、增益、相位值为绝对值。

〖差值〗设置光标值显示区显示的频率、增益、相位值为相对值，此时光标值显示区的显示值为两光标的频率和增益值、相位值之差，光标值显示区会有一小三角，表示当前为差值状态。转动手轮，主显示区出现一可移动光标，频率值显示区显示移动光标与原位置光标的频率、增益值、相位值之差。

〖光标选择 1 2 3 4 5〗设置当前活动的光标，仪器有 5 个光标可以显示，但是在光标值显示区只显示当前活动光标的值。5 个光标用不同的颜色显示，光标号下面的一横线表示该光标处于活动状态。

〖光标 1 开/关〗设置活动光标的显示状态，第 1 个光标默认为"开"，其余默认为"关"。"开"高亮显示时，光标值显示区显示该光标的频率、增益值、相位值，主显示区显示该光标标记，若"关"高亮显示，则光标值显示区没有显示内容，并且主显示区没有该光标标记。在光标打开的状态下转动手轮光标会随之移动，同时光标值显示区的频率、增益值、相位值会相应改变。

〖更多〗选择光标菜单不同的选项。

〖光标最大值〗查找幅频数据的最大值，仪器具有查找幅频数据最大值的功能，并将光标定位于最大值处。

〖光标最小值〗查找幅频数据的最小值，仪器具有查找幅频数据最小值的功能，并将光标定位于最小值处。

〖光标自动居中〗将活动光标移动到显示区中间，并且将中心频率设置为光标原位置处的频率，仪器执行此功能时不改变扫频带宽，自动计算在当前中心频率下始点频率和终点频率，如果此时始点频率或终点频率超过当前频段的最小值或最大值，仪器自动计算在当前中心频率下允许的最大带宽值，并计算出此时的始点值和终点值。

〖形状三角直线〗设置光标的形状，仪器默认"三角"。"三角"表示光标的形状为三角形；"直线"表示光标的形状为直线。

4. 示波器的使用简要说明

1）熟悉面板和用户界面

示波器的面板和用户界面如图 A-4 所示。

（1）菜单系统

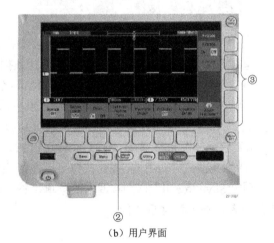

（a）示波器面板　　　　　　　　　　（b）用户界面

图 A-4　示波器的面板和用户界面

① 按某个前面板菜单按钮以显示要使用的菜单。

② 按下方"bezel"按钮选择菜单项。如果出现弹出式菜单，旋转通用旋钮 a 选择所需的选项。如果出现弹出式菜单，请再次按下按钮选择所需的选项。

③ 按某个侧面"bezel"按钮选择侧面 bezel 菜单项。如果菜单项包含多个选项，可重复按下侧面"bezel"按钮可看到全部选项。如果出现弹出式菜单，旋转通用旋钮 a 选择所需的选项。

④ 要清除侧面 bezel 菜单，请再按下方"bezel"按钮或按"Menu Off"。

⑤ 某些菜单选项需要设置数字值才能完成设置。使用上方或下方通用旋钮 a 和 b 来调整数值。

⑥ 按下"精细"以关闭或打开进行细微调整的功能。

（2）使用菜单按钮。

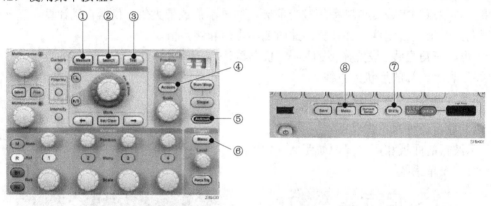

① "Measure"（测量）。按该按钮对波形执行自动测量或配置光标。

② "Search"（搜索）。按该按钮在捕获数据中搜索用户定义的事件/标准。

③ "Test"（测试）。按此按钮可以激活高级的或专门应用的测试功能。

④ "Acqure"（采集）。按此按钮可以设置采集模式并调整记录长度。

⑤ "Auto"（自动设置）。按此按钮可以对示波器设置执行自动设置。

⑥ "Tigger"触发菜单。按此按钮可以指定触发设置。

⑦ "Utility"（功用）。按此按钮可以激活系统辅助功能，如选择语言或设置日期/时间。

⑧ "Save/Recall"（保存/调出）菜单。按下可保存和调出内部存储器或 USB 闪存驱动器内的设置、波形和屏幕图像。

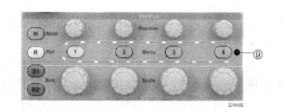

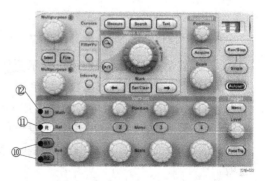

⑨ 通道 1、2、3 或 4 菜单。按下即可以设置输入波形的垂直参数，并在显示器上显示或删除相应的波形。

⑩ B1 或 B2。如果有对应的模块应用密钥，则按下即可定义和显示串行总线。DPO2AUTO 模块支持 CAN 和 LIN 总线。DPO2EMBD 模块支持 I^2C 和 SPI 总线。DPO2COMP 模块支持 RS-232、RS-422、RS-485 和 UART 总线。在 MSO2000B 产品上提供并行总线支持。另外，按 B1 或 B2 按钮可以显示总线或删除所显示的相应总线。

⑪ R。按此按钮可以管理基准波形，包括显示每个基准波形或删除所显示的基准波形。

⑫ M。按此按钮可以管理数学波形，包括显示数据波形或删除所显示的数据波形。

2）测量

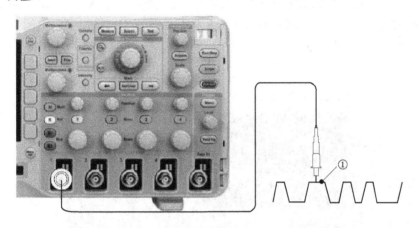

（1）将 TPP0200/TPP0100 探头或 TekVPI 探头连接到输入信号源。

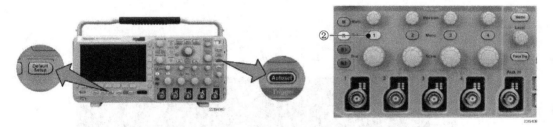

（2）按 "Default Setup"。

（3）按前面板上的按钮，选择输入通道。

（4）按 "Auto"（自动设置）。

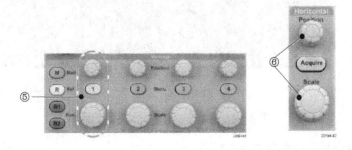

（5）按下所需的通道按钮。然后调整垂直位置和标度。

（6）调整水平位置和标度。

水平位置确定预触发取样和触发后取样的数量。水平标度确定采集窗口相对于波形的大小。可以调整窗口的比例，以包含波形边沿、一个周期、几个周期或数千周期。

5. 频谱分析仪的使用简要说明

1）熟悉面板和用户界面

频谱分析仪的面板和用户界面如图A-4所示。

（1）面板功能如下。

① LCD 显示屏；② 菜单软键/菜单控制键；③ 功能键区；④ 旋钮；⑤ 方向键；⑥ 数字键盘；⑦ 射频输入；⑧ 跟踪源输出；⑨ 耳机插孔；⑩ USB Host；⑪ 电源开关；⑫ 帮助；⑬ 打印；⑭ 恢复预设设置。

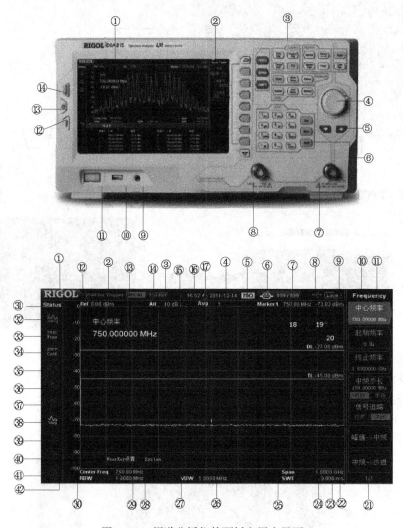

图 A-4　频谱分析仪的面板和用户界面

（2）用户界面显示说明见表 A-1。

表 A−1 用户界面显示说明

NO.	名 称	说 明
①	RIGOL	公司商标
②	系统状态（UNCAL 和 Identification...位置不同，详见图示）	Auto Tune：自动信号获取 Auto Range：自动量程。Wait for Trigger：等待触发。Calibrating：校准中。UNCAL：测量未校准 Identification...：LXI 仪器已识别
③	外部参考	Ext Ref：外部参考
④	时间	显示系统时间
⑤	输入阻抗	显示当前的输入阻抗（仅在 75 Ω 时显示）
⑥	打印状态	：交替显示，表示正在连接打印机。 ：打印机连接成功/打印完成/打印机闲置
⑦	打印进度	显示当前打印份数和总打印份数
⑧	U 盘状态	显示 U 盘是否安装，如已安装显示
⑨	工作模式	显示 Local（本地）或 Rmt（远程）
⑩	菜单标题	当前菜单所属的功能
⑪	菜单项	当前功能的菜单项
⑫	参考电平	参考电平值
⑬	活动功能区	当前操作的参数及参数值
⑭	衰减器设置	衰减器设置
⑮	显示线	读数参考及峰值显示的阈值条件
⑯	触发电平	用于视频触发时设置触发电平
⑰	平均次数	迹线平均次数
⑱	光标 X 值	当前光标的 X 值，不同测量功能下 X 表示不同的物理量
⑲	光标 Y 值	当前光标的 Y 值，不同测量功能下 Y 表示不同的物理量
⑳	数据无效标志	系统参数修改完成，但未完成一次完整的扫频，当前测量数据无效
㉑	菜单页号	显示菜单总页数及当前显示页号
㉒	扫描位置	当前扫描位置
㉓	扫描时间	扫频的扫描时间
㉔	扫宽或终止频率	当前扫频通道的频率范围可以用中心频率和扫宽，或者起始频率和终止频率表示
㉕	手动设置标志	表示对应的参数处于手动设置模式
㉖	VBW	视频带宽
㉗	谱线显示区域	谱线显示区域
㉘	RBW	分辨率带宽

续表

NO.	名　称	说　明
㉙	中心频率或起始频率	当前扫频通道的频率范围可以用中心频率和扫宽，或者起始频率和终止频率表示
㉚	Y 轴刻度	Y 轴的刻度标注
㉛	参数状态标识	屏幕左侧一列图标为系统参数状态标识
㉜	检波类型	正峰值检波、负峰值检波、抽样检波、标准检波、RMS 平均检波、电压平均检波、准峰值检波
㉝	触发类型	自由触发，视频触发和外部触发
㉞	扫描模式	连续扫描或者单次扫描（显示当前扫描次数）
㉟	校正开关	打开或关闭幅度校正功能
㊱	信号追踪	打开或关闭信号追踪功能
㊲	前置放大器状态	打开或关闭前置放大器
㊳	迹线 1 类型及状态	迹线类型：清除写入、查看、最大保持、最小保持、视频平均、功率平均。迹线状态：打开时用与迹线颜色相同的黄色标识，关闭则用灰色标识
㊴	迹线 2 类型及状态	迹线类型：清除写入、查看、最大保持、最小保持、视频平均、功率平均。迹线状态：打开时用与迹线颜色相同的紫色标识，关闭则用灰色标识
㊵	迹线 3 类型及状态	迹线类型：清除写入、查看、最大保持、最小保持、视频平均、功率平均。迹线状态：打开时用与迹线颜色相同的浅蓝色标识，关闭则用灰色标识
㊶	MATH 迹线类型及状态	迹线类型：A−B、A+C、A−C。迹线状态：打开时用与迹线颜色相同的绿色标识，关闭则用灰色标识
㊷	UserKey 定义	显示 UserKey 按键的定义

2）菜单操作

菜单类型按执行方式的不同可分为 7 种，下面将详细介绍每种类型及其操作方法。

（1）参数输入型。

按相应的菜单，可直接使用数字键输入数字改变参数值。例如：选中中心频率，通过数字键输入数字后，按 Enter 键即可改变中心频率。

（2）两种功能切换。

按相应的菜单键，可切换菜单项的子选项。例如：按 信号追踪 ，可在打开/关闭信号追踪功能之间切换。

（3）进入下一级菜单（带参数）。

按相应的菜单键，进入当前菜单的下一级子菜单，改变子菜单的选中项，在返回时会改变父菜单所带参数的类型。例如：按 Y 轴单位进入下一级子菜单，选中 dBm 后再返回上层菜单，即改变 Y 轴单位为 dBm。

（4）进入下一级菜单（不带参数）。

按相应的菜单键，进入当前菜单的下一级子菜单。例如：按幅度校正 ，直接进入下一级菜单。

（5）直接执行此功能。

按相应的菜单键，执行一次对应的功能。例如：按峰值－＞中频，执行一次峰值搜索，并将当前峰值信号的频率设置为频谱仪的中心频率。

（6）功能切换＋参数输入。

按相应的菜单键，执行功能切换；菜单选中后，可直接用数字键输入数字改变参数。例如：按中频步长切换选择自动或手动，选择手动可直接输入数字改变中频步长。

（7）选中状态。

按相应的菜单键，修改参数后返回上级菜单。例如：按触发类型到自由触发选中自由触发，表明此时频谱仪处于自由触发状态。

参 考 文 献

[1] 董在望. 通信电路原理. 2版. 北京：高等教育出版社，2002.

[2] 李棠之，杜国新. 通信电子线路. 北京：电子工业出版社，2001.

[3] 沈伟慈. 高频电路. 西安：西安电子科技大学出版社，2000.

[4] 曾兴雯，刘乃安，陈健. 高频电子线路辅导. 西安：西安电子科技大学出版社，2000.

[5] 廖惜春. 高频电子线路. 广州：华南理工大学出版社，2001.

[6] 谈文心，邓建国，张相臣. 高频电子线路. 西安：西安交通大学出版社，1996.

[7] 张义芳，冯健华. 高频电子线路. 哈尔滨：哈尔滨工业大学出版社，1993.

[8] 阳昌汉，杨翠娥. 高频电子线路. 哈尔滨：哈尔滨船舶工程学院出版社，1993.

[9] 胡宴如. 高频电子线路. 北京：高等教育出版社，2001.

[10] LUDWIG R, BRETCHKO R. RF circuit design: theory and applications. Upper Saddle River: Prentice – Hall, 2000.

[11] SMITH J R. Modern communication circuits. Boston: WCB/McGraw – Hill, 1998.

[12] 高频电子线路实验平台 RZ8653 说明书. 南京：南京润众科技有限公司，2010.